Christian Hesse

Achtung Denkfalle!

Christian Hesse

Achtung Denkfalle!

Die erstaunlichsten Alltagsirrtümer
und wie man sie durchschaut

Verlag C.H.Beck

Mit 61 Abbildungen und 35 Tabellen im Text

© Verlag C.H.Beck oHG, München 2011
Satz: Janß GmbH, Pfungstadt
Druck und Bindung: GGP Media GmbH, Pößneck
Umschlaggestaltung: malsyteufel, Willich
Umschlagabbildung: www.kunst-oder-reklame.de
Gedruckt auf säurefreiem, alterungsbeständigem Papier
(hergestellt aus chlorfrei gebleichtem Zellstoff)
Printed in Germany
ISBN 978 3 406 62204 5

www.beck.de

Andrea, Hanna, Lennard
Für euch und mich

Inhaltsverzeichnis

–1. An alle meine Leser*

Eine Vorrede kann lang oder kurz sein. Ich weiß nicht mehr, ob es Epikur oder gar Karl Valentin war, der meinte, beides laufe auf dasselbe hinaus. Ich erspare Ihnen also beide Arten und mache halblang. Wie ein Damenkleid: lang genug, um die wichtigsten Punkte abzudecken, und kurz genug, um interessant zu sein.

In diesem Buch geht es um belangvolle Fallen, in die unser Denken stolpern kann. Optisch ausgedrückt, sind es kleine blinde Flecke im geistigen Sehfeld. Alle hier versammelten neuralgischen Punkte sind erstaunlich und haarsträubend unerwartet. Oder hätten Sie gedacht, dass jemand, der alle Teildisziplinen gewinnt, nicht zwangsläufig der Gesamtsieger sein muss? Oder dass man wahrscheinlich doch keinen Krebs hat, selbst wenn der Krebstest gerade positiv ausfiel? Das ist Ihnen neu?

Dann sind Sie hier richtig! In zehn Kapiteln in Feierabendlänge zeigen wir Vor-Ort-Präsenz bei den kognitiven Fehlern. Wir studieren die wichtigsten Denkfallen des menschlichen Denkens, für sich und im Verein mit anderen. Zwischen den Denkfallen animieren wir uns mit Gedankensplittern. Sie dürfen von diesem Buch erwarten, dass Sie Ihren Bauchgefühlen weniger häufig zum Opfer fallen. Dass Sie bei Halbwahrheiten nicht mehr die falsche Hälfte für wahr halten. Bei der nächsten Unterhaltung werden Sie weitaus klügere Dinge sagen. Mehr noch: Mit dem Wissen dieses Buches können Sie in eine ganz neue Dimension vordringen, in jene der Überdurchschnittlichkeit bei der Denkfallenvermeidung. Sie werden bald über mehr als genug Stirn verfügen, die Sie dem verkehrten Denken bieten können. Manches scheint bewährt, ist aber dennoch verkehrt. Glauben Sie also bloß nicht mehr alles, was Sie denken! Sie werden lernen, auch Ihre besten Intuitionen kritisch zu hinterfragen. Lernen im

..., die ich ganz herzlich zu Hause an den Büchern begrüße.

Widerstand gegen das Unrichtige ist das. Und das ist gut so. Denn: Es gibt kein richtiges Denken im falschen.

In diesem Buch werden Sie mit den Ausnahmen von den Regeln vertraut gemacht. Gefühlsmäßig ist das nicht immer leicht. Lieb gewonnene Denkschemata aufgeben zu müssen kann wehtun. Dafür gibt es aber manch exquisiten Überraschungseffekt auszukosten. Sie werden jedenfalls belohnt mit dem Übergang in ein immerhin teilweise irrtumsgesäubertes Denk-Dasein. So manche Probleme werden ihre Problematik verlieren.

Die Formel fürs Mitmachenkönnen ist schlicht: Das Buch ist mit gesundem Menschenverstand verstehbar, selbst dann noch, wenn Sie durch gleichzeitiges Musikhören Ihren IQ um zehn Prozent herunterregeln. An wenigen Stellen wird einfache Schulmathematik eingesetzt, aber nicht das geheimnisumwitterte Wissen des Mathe-Leistungskurses. Weitere mentale Bonusparameter müssen Sie nicht vorweisen. Keine Sorge also: Was wir brauchen, werden Sie noch parat haben. Sind Sie bereit? Dann gehen wir gleich dahin, wo es wehtut. In die kognitive Kampfzone. Glück auf!

So weit mein halblanges, aber nicht halbherziges Vorwort. Wenn es in der Wirklichkeit nicht wirkt und Sie ein kurzes bevorzugen, wäre folgendes mein Versuch:

Denken ist eine Naturgewalt. Es ist ein mächtiges, auf Erkenntnisgewinn gerichtetes Instrument des menschlichen Geistes. Aber Denken ist auch eine Waffe, an der man ausgebildet sein muss. Im Umfeld jeder Wahrheit und in beliebigem Abstand von ihr liegen Unwahrheiten verborgen. Die Welt gibt uns viele Gelegenheiten, fehlerhaft zu sein. Und es ist schnell passiert: Hinterrücks und unangemeldet kommen manche Denkfehler so überzeugend daher, dass die überwiegende Mehrheit von uns allen sie für felsenfest wahr hält. Das sind Denkfallen, die selbst unsere subtilsten Intuitionen unterlaufen können. Dies vermeiden zu lernen, darauf legen wir den Fokus in diesem Buch. Licht aus, Spot an!

Christian Hesse
Mannheim und andere Orte, September 2010 bis Juni 2011

0. Einleitung

Das Wort «denken» ist eines der am häufigsten gebrauchten Verben unserer Alltagssprache. Eine Google-Suche zählt in 0,15 Sekunden mehr als 27 Millionen Seiten mit diesem Wort. Auch dieses Buch handelt vom Denken. Und von den Fehlern, die sich beim Denken einschleichen können. Denken, wollte man eine Definition versuchen, ist eine im Bewusstsein stattfindende Aktivität des Trennens, Verknüpfens, Vergleichens, Beurteilens von Bewusstseinsinhalten mit dem Ziel des Formens von Erkenntnissen als neuen Bewusstseinsinhalten. Abzugrenzen ist der Begriff des Denkens von dem der sinnlichen Wahrnehmung auf der einen und vom inneren Gefühlsleben auf der anderen Seite.

Denken ist eine Tätigkeit unseres Gehirns; dessen Eignung zu dieser Aufgabe unterliegt wie alles Natürliche der Evolution. Evolution ist dabei zu verstehen als ein Prozess, in dessen Verlauf Individualisierungschancen freigesetzt werden und der von seiner Zielsetzung her auf die Anpassung an bestimmte Anforderungen gerichtet ist. Dieser Prozess der Erlangung von Sonderkompetenzen hat während eines unermesslich langen Zeitraums unser Denken in bestimmte Bahnen gelenkt und dazu geführt, dass sich eine Angemessenheit zwischen Denken und Welt einstellen konnte. Evolution ist Entwicklung. In ihrer Erfolgskurve nehmen auch wir eine nicht unbeachtliche Stelle ein. Der Mensch ist heute als Ergebnis dieses ausgewiesenen Erfolgsprogramms mit evolutionär entwickelten und vielfältig erprobten Denkmustern ausgestattet. Das sind ausgeklügelte kognitive Verfahrensweisen für unser Überleben in einer immens komplexen, problemlösungstechnisch höchste Ansprüche stellenden, nicht immer freundlichen Umwelt. Das Gehirn setzt seine Schemata des Denkens, Weiterdenkens und dann Weitermachens mal besser und mal schlechter zur Navigation durch die Kraftfelder unseres Alltagslebens ein. Das Gehirn ist der große Bestimmer. Sein Wille geschieht. Meistens jedenfalls. Aber manchmal bleibt es auch ganz resonanzlos auf seinen Möglichkeiten sitzen.

Realitätsnah und -fern. Die menschlichen Denkschablonen wurden nämlich vor langer Zeit für ein Leben in der Wildnis optimiert und nicht für unsere moderne Lebenswelt im Büro, an der Börse, im Betrieb oder wo auch immer wir im Leben unseren Platz gefunden haben. Viele Denkwerkzeuge sind deshalb mentale Analogien zu Faustkeil und Pflug: Mehreren Millionen Jahren als Jäger, Sammler und Ackerbauer stehen einige Jahrhunderte als moderner Mensch gegenüber, ausdifferenziert in eine Vielzahl von Funktionsbezügen. Es ist insofern nicht überraschend, dass unsere heutigen Denkmuster aus unserer Zeit in der Savanne stammen. Dort haben sie erwiesenermaßen recht gut funktioniert, denn mit ihnen haben wir immerhin bis heute überleben können. Und auch in der modernen Welt sind sie nicht halsbrecherisch unzeitgemäß.

Zu diesen intelligenten Instrumenten als Basismodulen der kognitiven Ausrüstung gehören Smart Tools wie etwa das *Schein-*

"I call it: 'Dumb Guy Punching Himself in the Chin'."

Abbildung 1: «Ich nenne es: ‹Dummer Kerl, der sich selbst einen Kinnhaken gibt.›» Cartoon von Patrick Hardin.

werferprinzip. Es besagt, dass aus dem großen Informationssortiment, das die Umwelt stets für uns parat hält, wegen Kapazitätsbeschränkungen des Gedächtnisses unser Denkapparat immer nur einen ganz geringen Teil auswählt und diesen zu Handlungsanweisungen weiterverarbeitet. Das ist selektive Wahrnehmung. Diese Blickverengung ist nötig, entspricht doch die Informationsflut, die kontinuierlich aus der Umwelt über unsere Sinnesorgane in unsere Gehirne schwappt, einigen Gigabyte, also mehreren Lastwagenladungen voller Bücher, pro Sekunde. Seine Funktion kann unser Gehirn nur dann erfüllen, wenn es mit ausgefeilten Methoden Wichtiges auswählt, dieses stark vereinfacht und das allermeiste schlicht ignoriert. Somit liegt die Vorstellung nahe, dass eine der Hauptfunktionen des Denkapparates in der Abwehr unnötiger Informationen besteht. Für das Gehirn ist Lebenskunst zu einem nicht geringen Teil die Fertigkeit des sachverständigen Weglassens.

Abbildung 2: «Ich habe meine besten Ideen im Bad.» Cartoon von Ron Morgan.

"I get my best ideas in the bathroom."

Das Scheinwerferprinzip ist nur eine von mehreren Prozeduren, deren sich das Gehirn aus Komplexitätsgründen bedient. Ein gleichermaßen wichtiges Prinzip des Managements von Denkressourcen ist das *Sparsamkeitsprinzip*. Der Begriff drückt aus, dass unser Denkapparat bemüht ist, ein gegebenes Ziel, wenn möglich, unter Einsatz minimaler Mittel zu erreichen. Das damit verwandte *Ergiebigkeitsprinzip* ist umgekehrt darauf gerichtet, mit den verfügbaren Mitteln möglichst maximalen Erfolg zu erzielen. Das *Prägnanzprinzip* bewirkt darüber hinaus, dass jedes Reizmuster so gedeutet wird, dass die resultierende Struktur vorzugsweise einfach erscheint. Einfachheit ist dabei charakterisiert durch Merkmale wie Symmetrie, Regelmäßigkeit und Sparsamkeit.

Außerdem besitzt unser Gehirn die Veranlagung, kausale Abhängigkeiten und Zusammenhänge zu mutmaßen, wenn Ereignisse in zeitlicher oder räumlicher Nähe auftreten, und zwar bisweilen auch dann, wenn die Ereignisse völlig unverbunden sind und sich nur durch Zufall zeitlich oder räumlich nahe stehen. In diesem Sinn hat unser Gehirn eine Disposition zu linearem Ursache-Wirkungs-Denken.

Damit zusammenhängend – aber auch darüber hinausgehend – kultiviert unser Gehirn Neigungen zur Induktion. Bei der induktiven Schlussweise wird aus einer Reihe von Erfahrungen oder Beobachtungen eine allgemeine Aussage gewonnen. Es ist eine Vorgehensweise, die, rein logisch betrachtet, nicht unbedingt wahrheitsstiftend ist, denn die gewonnene allgemeine Aussage muss nicht zwingend auch richtig sein. Die induktive Schlussweise wird ganz besonders deutlich beim Handeln eines Arztes, der eine Diagnose erstellen will, oder bei den Ermittlungen eines Kommissars, der einen Fall aufklären soll.

Und nicht zuletzt ist unser Gehirn darauf geeicht, jene Interpretationen von Phänomenen zu bevorzugen, die mit den unaufwändigsten Annahmen oder der geringsten Zahl von Voraussetzungen auskommen. Dieser Ansatz wird nach William von Ockham als Ockhams Rasiermesser bezeichnet. Er favorisiert unter mehreren plausiblen Erklärungen für einen Sachverhalt die einfachere, unkompliziertere; alle anderen werden mit einem methodischen Rasiermesser abgeschnitten.

Aus all diesen und einigen anderen kognitiven Abkürzungen ergibt sich eine Vielzahl intuitiv akzeptierter Lebenserfahrungen und Alltagsklugheiten, hier in einem anspruchsvollen Sinn des Wortes aufgefasst. Einige davon werden in der Folge exemplarisch notiert. Es sind Dinge, die man einfach so und nicht anders *denkt*, im Sinne der indogermanischen Wurzel «teng» dieses Wortes: «für wahr halten». Zum Beispiel:

Wenn jemand nur ungünstige Optionen hat, dann kann er auch durch noch so geschickte Kombination dieser Optionen nicht zu etwas für ihn Günstigem kommen.

Wenn ein vom Zufall abhängiges Ereignis lange nicht eingetreten ist, dann wird es wahrscheinlicher, dass es bald eintritt.

Wenn jemand mehr von etwas Gutem hat, dann ist es besser, als wenn er weniger davon hat.

Wenn jemand in jeder Teildisziplin der Sieger ist, dann ist er auch der Gesamtsieger.

Überraschenderweise werden wir aber auf Gegenbeispiele für all diese scheinbar offensichtlichen und vermeintlichen Allround-Wahrheiten treffen. So ist es etwa ausgeprägt kontraintuitiv,

- wenn ich zwei für mich ungünstige Sachlagen zu einer einzigen für mich günstigen Konstellation kombinieren kann (Parrondo-Paradoxon);
- wenn eine größere Anzahl von Wählerstimmen für eine Partei bei unveränderter Wählerstimmenzahl aller konkurrierenden Parteien dazu geführt hätte, dass die Partei für diese größere Zahl erhaltener Stimmen weniger Sitze im Parlament bekommt (Wählerzuwachs-Paradoxon);
- wenn ein Medikament A zwar in jeder Teilregion eines Gebietes eine größere Heilungsrate zu verzeichnen hat als ein damit konkurrierendes Medikament B, dennoch aber im gesamten Gebiet bei Zusammenfassung der Daten aller Teilregionen das Medikament B eine größere Heilungsrate aufweist als A (Simpson-Paradoxon).

So weit unsere kleine Beispielbörse.

Diesen und anderen ähnlich mysteriösen Phänomenen werden wir tatsächlich in überschaubaren Situationen begegnen. Wir werden sie ins Rampenlicht rücken und sehen, wie sie die große Bühne im Reich des Geistes bespielen. Und sie werden uns verwundern, verwirren nicht weniger. Trotz dieser und weiterer zutage tretender Zweifel an ihrer Zweifellosigkeit funktionieren unsere obigen Intuitionen beim Alltagseinsatz meistens recht gut. Doch bei den gehobenen Ansprüchen, wie sie etwa in der Wissenschaft oder in der Rechtsprechung gestellt werden, ist bei ihrem Einsatz Vorsicht geboten.

Generell kommt der menschlichen Intuition im Alltag eine wichtige Rolle zu. Auch Intuition ist darauf gerichtet, Einsichten zu erlangen, Entscheidungen zu treffen und Gesetzmäßigkeiten zu erkennen, um einen komplexen Alltag navigabel zu machen, ohne dass der Verstand dabei bemüht wird. Die Welt der Intuitionen und Bauchgefühle ist ein von Eingebungen ausgehöhlter Ort. Der Gegensatz zwischen rationalem und intuitivem Denken ist Ausdruck der Tatsache, dass wir zwei Hirnhälften besitzen, die wie zwei recht eigenständige, aber verbundene Gehirne arbeiten. Die linke Hemisphäre ist dabei für das logisch-rationale Denken zuständig, das für die Dinge der Welt nach Erklärungen sucht. Die rechte Hemisphäre ist stärker gefühlsorientiert, intuitionsbasiert und für die Einleitung kreativer Prozesse zuständig, für den Umgang mit eigenen und fremden Emotionen. Sie umfasst also auch das, was man heutzutage als emotionale Intelligenz bezeichnet.

In Situationen abstrakter Problemlösung kommt der linken Hemisphäre natürlich die Federführung zu, doch viele Entscheidungssituationen des täglichen Lebens bedürfen der Mitarbeit der rechten Hemisphäre. Es gibt Wissenschaftler, die ihr sogar eine übergeordnete Bedeutung zuweisen und der Meinung sind, dass sie es ist, von der es abhängt, wie gut man andere Fähigkeiten, wie zum Beispiel auch den analytischen Verstand, einsetzen kann.

Abbildung 3: «Stevens, kommen Sie mal her. Ich brauche ein paar Minuten mit der linken Seite Ihres Gehirns.» Cartoon von Mike Shapiro.

"Stevens, get in here. I need a few minutes with the left side of your brain."

Und da wir gerade beim Thema sind: Das männliche Gehirn wiegt im Mittel 14 % mehr als das weibliche Gehirn, welches aber trotz des geringeren Gewichts über 11 % mehr Neuronen verfügt. Und diese machen immerhin die Arbeit. Zudem erfährt das weibliche Gehirn eine bessere Blutversorgung und es besteht typischerweise eine dichtere neuronale Verbindung zwischen den beiden Hirnhälften als beim männlichen Gehirn. Männer sind nach den Ergebnissen einiger Studien Frauen im Mittel im räumlichen Vorstellungsvermögen überlegen, während Frauen typischerweise ein Plus bei verbalen Fähigkeiten verzeichnen: So lernen Mädchen in der Regel auch früher sprechen als Jungs.

Die von der rechten Hirnhälfte mitgeprägten Intuitionen können wichtige Wegweiser in komplexen Situationen sein, wenn wenig Zeit, fehlende Informationen oder mangelnde menschliche Fähigkeiten es verhindern, eine Situation umfassend und optimal zu analysieren. Doch die Intuition kann uns auch in die Irre führen. Dies geschieht dann, wenn das aufgrund von Intuition für richtig Gehaltene tatsächlich falsch ist und so ihr Einsatz in einen Fehler münden würde. Alle in diesem Buch versammelten intuitiven Fehlschlüsse sind in diesem Sinne nur in ganz subtiler Weise inkorrekt.

Menschliches Denken beinhaltet vielfältige Möglichkeiten, Fehler zu begehen. In der Tat ist es bei jedem einzelnen Denkschritt denk-baren Irrtümern ausgesetzt. Möglichkeiten für Fehler bestehen allerorts und immerzu. Im Umfeld jeder Einzelwahrheit und in beliebigem Abstand von jeder richtigen Schlussfolgerung lauern Fehler, Fehlschlüsse und Fehleinschätzungen, die durch unsachgemäße Handhabung der Denkwerkzeuge unter Umständen aufflackern können. Der Begriff *Fehler* kann dabei in weitgehender Allgemeinheit verstanden werden als ein «Merkmalswert, der vorgegebene Forderungen gerade nicht erfüllt», so sagt es uns das Deutsche Institut für Normung[1] (DIN) in einer Definition. Etwas detaillierter noch ist die Fassung des Pädagogikforschers Martin Weigand: «Als Fehler bezeichnet ein Subjekt angesichts einer Alternative jene Variante, die von ihm – bezogen auf einen damit korrelierenden Kontext und ein spezifisches Interesse – als so ungünstig beurteilt wird, dass sie unerwünscht erscheint.»

Kurz gesagt: Fehler sind Lösungen, die gerade nicht richtig sind. Die Dinge können auf viele Arten unrichtig sein und in mancherlei Weise aus dem Ruder laufen. Auch die Art der Fehler ist Legion: Messfehler, Wahrnehmungsfehler, Fahrfehler, Konstruktionsfehler, Verfahrensfehler, Rechenfehler, Planungsfehler,

Abbildung 4: «Ein einziger Beurteilungsfehler führte hierzu.» Cartoon von Neil Dishington.

Auswertungsfehler, Materialfehler, Programmfehler sind nur einige Fehlerfälle.

Wir Menschen leben in Fehlerwelten und sind beim Vollkontakt zur Welt auf Schritt und Tritt von eigenen und fremden Fehlleistungsschlacken umgeben. Leben in diesem Reizklima ist ganz fundamental Fehlermanagement. Fehler werden begangen und Irrtümer entstehen zum Beispiel dann, wenn auf eine gegebene Problemsituation an sich bewährte Denkwerkzeuge angewendet werden, die mit der Situation aber überfordert sind und so zu kognitiven Täuschungen führen, vergleichbar etwa den optischen Täuschungen im visuellen Bereich. Doch wir wollen hier nicht über optische Täuschungen sprechen, sondern vielmehr eine ganze Reihe einzelner Denkfehler herausarbeiten und studieren, isoliert und in ihren Beziehungen zueinander.

Denkfehler, die besonders subtil sind und so versteckt liegen, dass von ihnen sehr viele Menschen jeglicher Vorbildung, vom Schulabgänger bis zum Wissenschaftler, leicht erfasst werden, wollen wir als *Denkfallen* bezeichnen. In sie tappen die meisten Menschen fast zwangsläufig hinein. Durch Denkfallen wird die Fehlerkompetenz von uns Menschen als Probleminhaber zugleich provoziert und annulliert. Diese Denkfallen sind dann oftmals der Grund für Falscheinschätzungen und Fehlentscheidungen aller Art, von Diagnoseirrtümern bis Unfallauslösern.

Es liegt in der Natur von Fallen, dass sie maskiert sind und sich nicht durch Warnzeichen zu erkennen geben, sondern, in der hier angetroffenen Variante, mit ihrer Schwungmasse vollständig kaschiert in Problemszenarien lauern. Doch so wie man den meisten Irreführungen durch optische Täuschungen mittels Messungen entgeht, kann man mit konsequent logischem Denken und einer allseitig kritischen Grundeinstellung Denkfallen umschiffen. Die in diesem Buch kompilierte Liste wichtiger Denkfallen soll helfen, eine Sensibilität dafür zu entwickeln, wo sie auftauchen, woran man sie erkennt und wie sie entschärft werden können. Fehlervermeidung ist erlernbar. Vor dem Fehler sind nicht alle Akteure gleich. Unser Gehirn ist zwar ein wachsamer Cursor in fehleraffinen Zwischenfallwelten, doch manche

Gehirne sind auf Fehlervermeidung besser eingestellt und andere weniger gut oder gar schlecht.

Die Theorie der Fehler wird bisweilen als Theorie des *negativen Wissens* bezeichnet, für das wir hier den Ausdruck *Anti-Wissen* verwenden wollen. Anti-Wissen ist das Wissen darüber, wie ein Sachverhalt *nicht* ist, welche Schlüsse *nicht* gezogen und was *nicht* getan werden darf. Auch dieses Wissen ist Macht. Die Theorie vom Anti-Wissen untersucht das Falsche in Relation zum Richtigen. Wissen und Anti-Wissen, das Wissen um das Richtige und das Wissen um das Falsche, stehen in einem dialektischen Spannungsverhältnis zueinander. Anti-Wissen ist der äußere Umriss des Wissens. Fehler können nicht allein schon dann vermieden werden, wenn man sich beibringt, wie man die Dinge richtig macht. Das Gebäude des Wissens kann vollständig nur auch mit der Beschäftigung seines Gegenteils errichtet werden. Fehler und Anti-Wissen sind maßgebend und normativ für ein Wissen über das positive Wissen, für Gelungenes und wie man etwas zum Gelingen bringt. Und auch dieser Punkt ist belangvoll: Unser riesiges Wissensgebäude besteht aus Wahrem und Falschem. Es ist bisweilen unmöglich, das Wahre von innen heraus zu erkennen, wenn man nicht weiß, woraus das Falsche besteht, das an die Kontur des Wahren angrenzt. Insofern ist Anti-Wissen ein unverzichtbarer Teil des zu Wissenden.

Besonders bedeutsam für unsere Zwecke in diesem Buch ist das richtig Gedachte und das Wissen um das richtig Gedachte. Sowohl das richtig Gedachte wie auch das falsch Gedachte sind Ausdruck eines mentalen Tanzes, bei dem eine Denkbewegung in eine andere greift. Manchmal ist der Unterschied zwischen beiden nur geringfügig.

In diesem Kontext ist das, was wir Denkfalle nennen, Teil der Demarkationslinie des falsch Gedachten zum richtig Gedachten, also Teil des Umrisses des Falschen nahe der Grenze zum Richtigen. Eine Denkfalle bildet ein Etwas, das zwar falsch ist, aber ein ganz feines Gespür erfordert, um es tatsächlich auch als falsch oder als Fehlschluss zu erkennen. Anders gesagt: Denkfallen bestehen aus Gedankengängen, die zwar irrig sind, die aber kognitiv ganz lautlos daherkommen und so plausibel erscheinen, dass sie ebenso gut auch richtig sein könnten und in der Tat von einer Mehrzahl der Menschen, ohne mit der Wimper zu zucken, intuitiv als richtig empfunden werden. Damit wollen wir uns leicht fasslich und tiefschürfend zugleich beschäftigen. Denkfallen-Fallbeispiele, hier optimiert für einen bequemen Sessel und ein Glas Ihres Lieblingsgetränkes, das sind die Themen, die uns bewegen.

I. Paradoxes bei Mittelwerten

1. Wenn der Sieger jeder Teildisziplin nicht der Gesamtsieger ist

Kriminelle (Daten-)Vereinigung

Zahlen und Vergleiche mit Zahlen sind objektiv. Man kann eindeutig sagen, welche von zwei Zahlen – etwa welcher von zwei Prozentsätzen – größer ist oder ob beide gleich sind. Vergleiche werden im täglichen Leben fast pausenlos vorgenommen: Welches von zwei Unternehmen hat höhere Umsätze? In welchem von zwei Ländern ist die Arbeitslosenquote niedriger? Welcher von zwei Sportlern lief schneller, sprang höher, warf weiter?

Fug und Unfug der Daten-Vereinigung. Das sind nur einige Streiflichter aus einer ganzen Vielfalt von Vergleichsfällen, denen wir auf Schritt und Tritt begegnen. Und oftmals gibt es zu ein und derselben Fragestellung – etwa der: «Welches ist besser, das herkömmliche Medikament oder ein neu entwickeltes?» – mehr als nur eine Studie, mehr als nur einen Datensatz, mehr als nur ein Ergebnis. Um zu einer Gesamteinschätzung zu gelangen, muss man die Daten in datenanalytisch seriöser Weise vereinigen.

Um das letzte Beispiel fortzuspinnen: Angenommen, jede einzelne Studie belegt für sich genommen eindeutig, dass das neue Medikament besser ist als ein altes. Das ist erfreulich: Alle Ergebnisse weisen in dieselbe Richtung und widersprechen sich nicht. Was aber, wenn bei Zusammenfassung der einzelnen Studienergebnisse sich das gegenteilige Gesamtergebnis einstellt und jetzt das alte (!) Medikament besser ist als das neue? Kann bei so präzisen und objektiven Größen wie Zahlen so etwas Ominöses

23

überhaupt passieren, vorausgesetzt, die Daten werden korrekt zusammengefasst? Und wenn es passieren kann, wäre diese Datendoppeldeutigkeit nicht ein interpretatorisches Fiasko, das einem den Glauben an die Möglichkeit objektiver Datenanalyse eigentlich rauben müsste? Gar den Glauben an die Mathematik?

"How do you want it—the crystal mumbo-jumbo or statistical probability?"

Abbildung 5: «Wie hätten Sie's gern? Mit Kristallkugel-Hokuspokus oder statistischer Wahrscheinlichkeitstheorie?» Cartoon von Sidney Harris.

Wir tasten uns an die Antwort auf diese Fragen heran. Ausgangspunkt ist eine leicht überschaubare medizinische Standardsituation, eine konkrete Ausformung des angesprochenen Medikamentenvergleichs. Sie demonstriert, wie uns bisweilen selbst Zahlen blenden können, und zeigt auf, welche Vorsicht bei der Aggregierung von Zahlen geboten ist.

Neugierweckendes. Zwei Allergiemedikamente M_1 und M_2 werden in den Gebieten A und B einer Stadt getestet. In A, dem Industrieviertel, werden von 16 Patienten, die das Medikament M_1 nehmen, 4 gesund, ebenso 11 von 40 Patienten, die Medikament

M_2 nehmen. In B, dem Nicht-Industrieviertel, werden 29 von 40 Patienten nach Einnahme von M_1 und 12 von 16 Patienten nach Einnahme von M_2 gesund. Aus diesen Zahlen lassen sich mit einfacher Bruchrechnung die Heilungsquoten errechnen.

Die Heilungsquote von M_1 im Industrieviertel ist 4/16 = 1/4, also 25 %. Eine von 4 Personen wird von den Allergiesymptomen geheilt. Die Heilungsquote von M_2 im Industrieviertel ist 11/40 > 1/4 und damit größer als 25 %. In der Region A ist demnach M_2 das wirksamere Medikament. In der Region B verhält es sich ebenfalls so: Die Heilungsquote von M_2 ist 12/16 = 3/4, also 75 %, und die Heilungsquote von M_1 ist 29/40 < 3/4, also kleiner als 75 %. So weit, so nichts Verwirrendes. Als Ergebnis kann man somit notieren: Die Heilungsquote von Medikament M_2 ist in beiden Stadtgebieten größer als die von Medikament M_1. Das erfolgreichere Medikament ist M_2. Dieser letzte Satz als Fazit scheint sich nicht nur zwanglos, sondern sogar zwingend zu ergeben. Er wirkt ganz selbstverständlich und wie von selbst aufs Papier geschwebt. Wie kann man auch nur einen Hauch von Zweifel hegen, dass es so sein muss.

Aber seien wir vorsichtig, geben wir den Zahlen die Ehre und rechnen nach. Was ergibt sich bei einer Zusammenrechnung der Daten aus beiden Gebieten der Stadt? Die Gesamtheilungsquote von M_1 ist (4 + 29)/(16 + 40) = 33/56, was größer als 50 % ist. Die Gesamtheilungsquote von M_2 ist (11 + 12)/(40 + 16) = 23/56, was kleiner als 50 % ist. Unglaublich!

Nach ehrlicher Zusammenfassung der Daten erweist sich überraschenderweise das Medikament M_1 gegenüber M_2 als das erfolgreichere. Die Rechnungen stimmen übrigens und der Effekt ist real. Es ist kein rechnerischer Taschenspielertrick. Wir erleben ein Paradoxon in Aktion, das quantitativ ungefestigte Naturen leicht aus dem Gleichgewicht bringen kann. Wir sehen ein Parade-Paradigma eines Großparadoxons, das ohne Rest in scheinbar völlige Orientierungslosigkeit eingebettet ist. Charakterisiert es den Zerfall von Wirklichkeit minus Beliebigkeit? Kann es Vergleiche undurchführbar machen? Es ist offensichtlich möglich, lokal überall der Gewinner zu sein und trotzdem global zu verlieren. Die hohe Kunst der Verwirrung mit Zahlen und mit einfachsten Beziehungen wie größer oder kleiner, hier scheint sie bei sich selbst angekommen. Schon bei solchen Elementarobjekten und Einfachoperationen wie Anteilen und deren Zusammenfassung sind handfeste kontraintuitive Überraschungen möglich.

Dies ist eine erste Kostprobe des sogenannten Simpson'schen Paradoxons. Die Paradoxie besteht in der Möglichkeit, dass bei einer Zusammenfassung von Daten aus verschiedenen Gruppen zu einer einzigen Gruppe sich die Richtung einer Beziehung umkehrt. Dieses Phänomen gekippter Effekte hat für die Interpretation von Daten ganz erhebliche Konsequenzen. Es führt häufig zu Fehlinterpretationen beziehungsweise wird bei mangelnder Gutwilligkeit absichtlich eingesetzt, um irreführende Aussagen mit Zähldaten zu untermauern. Dann ist es ein Kasus des Lügens mit der Wahrheit.

Das obige Beispiel wurde am Reißbrett konstruiert. Das gilt auch für das folgende. Es ist nicht weniger spektakulär.

Das Paradoxon in Schorle-Form. Tom und Jerry trinken je zwei Glas Apfelschorle mit unterschiedlichen Mischungsverhältnissen von Wasser und Apfelsaft sowie auch unterschiedlichen Füllmengen. Konkret sind die Daten folgende:

Tom

	Inhalt ml	Menge Apfelsaft ml	Anteil Apfelsaft
Glas 1	300	100	$\frac{1}{3}$
Glas 2	200	150	$\frac{3}{4}$
Gesamt	500	250	$\frac{1}{2}$

Tabelle 1: Füllmengen und Anteile Apfelsaft von Toms Gläsern

Jerry

	Inhalt ml	Menge Apfelsaft ml	Anteil Apfelsaft
Glas 1	250	80	$\frac{8}{25}$ $\left(< \frac{1}{3} \right)$
Glas 2	250	180	$\frac{18}{25}$ $\left(< \frac{3}{4} \right)$
Gesamt	500	260	$\frac{13}{25}$ $\left(> \frac{1}{2} \right)$

Tabelle 2: Füllmengen und Anteile Apfelsaft von Jerrys Gläsern

Die Schlussfolgerungen scheinen wieder leicht zu ziehen zu sein: Tom trinkt beide Male einen größeren Anteil an Apfelsaft (Anteil 1/3 gegenüber 8/25 in Glas 1 und Anteil 3/4 gegenüber 18/25 in Glas 2). Doch insgesamt ist es Jerry, der die größere Menge und den größeren Anteil Apfelsaft trinkt (260 ml von 500 ml gegenüber 250 ml von 500 ml). Paradox!

Dreht sich Ihnen schon der Kopf? Ein bisschen? Dann versuche ich noch dies:

Schulbeispiel. Noch abstruser und in der Realität mit gravierenden Folgen behaftet ist das nun beschriebene Lehrerzimmer-Szenario. Es dreht sich um die Korrektur einer wichtigen Mathe-Klausur, die nur aus zwei Aufgaben besteht. Das Korrekturergebnis des Erstkorrektors sieht wie folgt aus:

Erstkorrektur

	1. Aufgabe	2. Aufgabe	Gesamt-punktzahl
Erreichbare Punktzahl	30	60	90
Erreichte Punktzahl	8	29	37
Anteil in %	26,7	48,3	41,1

Tabelle 3: Erstkorrektur einer Mathe-Klausur

Bei der ersten Aufgabe sind 30 Punkte erreichbar, bei der zweiten 60 Punkte. Wenn wir nun annehmen, dass für ein Bestehen der Klausur 40 % der Gesamtpunkte nötig sind, so hat der Schüler mit erreichten 41,1 % diese Hürde so gerade eben genommen.

Wie etwa im Abitur üblich, wird jede Arbeit noch von einem Zweitkorrektor korrigiert. Im Fall der vorliegenden Klausur erhöht der Zweitkorrektor wegen einer ihm sinnvoll erscheinenden Ausgewogenheit zwischen beiden Klausuraufgaben die mögliche Punktzahl für die erste Aufgabe von 30 auf 60 Punkte durch Multiplikation aller Teilpunktzahlen mit 2. Auch scheint ihm an einer Stelle die Vergabe eines weiteren Punktes geboten, den der Erstkorrektor übersehen hat. Er vergibt somit nicht $8 \times 2 = 16$, sondern 17 Punkte für die erste Aufgabe. Statt 26,7 % hat der Schüler bei Aufgabe 1 nun 17 von 60 Punkten, also 28,3 %, erreicht. Auch bei Aufgabe 2 vergibt der Zweitkorrektor gegenüber dem Erstkorrektor einen zusätzlichen Punkt, statt 29 nun 30. Damit bietet sich dem Zweitkorrektor insgesamt folgendes Bild.

Zweitkorrektur

	1. Aufgabe	2. Aufgabe	Gesamt-punktzahl
Erreichbare Punktzahl	60	60	120
Erreichte Punktzahl	17	30	47
Anteil in %	28,3	50,0	39,2

Tabelle 4: Zweitkorrektur einer Mathe-Klausur

Erstkorrektur und Zweitkorrektur als paradoxes Traumpaar. Die Punktevergabe des Zweitkorrektors ist bei beiden Aufgaben für den Schüler günstiger als die des Erstkorrektors. Doch kurioserweise erzielt der Schüler in dieser für ihn angeblich besseren Welt nur 39,2 % der Gesamtpunktzahl und ist nach Lage der Dinge jetzt durchgefallen (!!). Das Paradoxon hat sich vollständig ausgewirkt. Es hat einen Raum der scharfen Gegensätze erzeugt: Bestanden oder nicht bestanden? Das ist hier die Frage. Was für eine seltsam sinnverwirrende Zwickmühle für die beiden Korrektoren ... Für uns ein hübsch eingekleidetes Denkdilemma.

Das Krankenhaus – und seine Bedeutung für mich, für dich und für sich. Eine noch ausgefeiltere Problematik[2] behandeln wir jetzt. Stellen Sie sich bitte vor, in einer Stadt gibt es zwei Krankenhäuser, A und B. Stellen Sie sich weiter vor, Sie müssen sich einer überaus heiklen Operation unterziehen. Sie wollen keinen Fehler machen. Sie überlegen, ob Sie den Eingriff besser in A oder in B durchführen lassen sollen. Sie lesen einen Artikel in der Lokalzeitung, in dem die beiden Krankenhäuser aufgrund der im vergangenen Jahr dort jeweils durchgeführten Operationen miteinander verglichen werden, und zwar komplett mit der Angabe von Daten, wie viele der Operationen erfolgreich verlaufen sind. Unter erfolgreich wird dabei verstanden, dass der Patient sechs Wochen nach der Operation noch lebt. Das ist ein objektives Kriterium.

	Krankenhaus A	Krankenhaus B	Gesamt
Patient stirbt	63	16	79
Patient überlebt	2037	784	2821
Gesamt	2100	800	2900
Sterberate in %	3,00	2,00	2,72

Tabelle 5: Ergebnisse der Operationen in zwei Krankenhäusern

Die Interpretation der Daten scheint einfach zu sein. Die Sterberate bei Operationen ist in Krankenhaus B geringer. Nur 16 von 800 Operationen führten zum Tod des Patienten innerhalb von sechs Wochen nach dem Eingriff. Das sind 2 %. In Krankenhaus A liegt die Sterberate bei 3 %. Sie sollten sich der anstehenden Operation also wohl in Krankenhaus B unterziehen.

Wir setzen diesen Diskussionsstrang noch etwas fort. Angenommen, der von Ihnen konsultierte Zeitungsartikel enthält noch eine detailliertere Tabelle, in der aufgeschlüsselt wird, in welchem Zustand sich die Patienten vor der Operation befanden, differenziert nach gutem und schlechtem Allgemeinzustand.

Patientenzustand: Gut

	Krankenhaus A	Krankenhaus B	Gesamt
Patient stirbt	6	8	14
Patient überlebt	594	592	1186
Gesamt	600	600	1200
Sterberate in %	1,00	1,33	1,17

Tabelle 6: Bilanz der Operationen in zwei Krankenhäusern bei *gutem* Allgemeinzustand der Patienten

Patientenzustand: Schlecht

	Krankenhaus A	Krankenhaus B	Gesamt
Patient stirbt	57	8	65
Patient überlebt	1443	192	1635
Gesamt	1500	200	1700
Sterberate in %	3,80	4,00	3,82

Tabelle 7: Bilanz der Operationen in zwei Krankenhäusern bei *schlechtem* Allgemeinzustand der Patienten

Lässt man diese Daten auf sich wirken, verändert sich plötzlich das Bild. Bei den Patienten, die in gutem Zustand operiert wurden, beträgt die Sterberate in Krankenhaus A nur 1,00 % im Vergleich zu 1,33 % in Krankenhaus B. Und auch bei den Patienten, bei denen die Operation in schlechtem Allgemeinzustand erfolgte, ist die Sterberate in Krankenhaus A mit 3,80 % nun geringer als die in Krankenhaus B mit 4,00 %. Für beide Gruppen von Patienten ist die Sterberate in Krankenhaus A geringer.

Wie sich leicht überprüfen lässt, ergibt die Summe der Fallzahlen aus den Tabellen 6 und 7 die Anzahlen in Tabelle 5. Es handelt sich also um eine seriöse Aufspaltung der Daten in zwei Teilmengen.

Die Kuriosität liegt offen zutage. Nach dieser Datenlage scheint es jetzt ratsam, sich in Krankenhaus A operieren zu lassen, und zwar ganz unabhängig davon, ob man sich in einem guten oder einem schlechten Allgemeinzustand befindet. Die Verwirrung scheint komplett. Und die Paradoxie ist nicht nur rein akademisch. Es geht darum, eine Entscheidung zu fällen, in welchem Krankenhaus man sich der Operation unterziehen soll. Es ist eine relevante Frage und keine, der man ausweichen kann. Pointiert könnte man unsere Analyse so zusammenfassen: Geht's dir gut, dann gehe in Krankenhaus A. Geht's dir schlecht, dann gehe auch in Krankenhaus A. Geht's dir gut oder schlecht, dann gehe in Krankenhaus B! Eine Schlussfolgerung fürs Absurditätenkabinett. Man darf in Anführungszeichen hinzufügen: Diese Datendeutung steht links nicht von dieser oder jener Richtung des Vergleichs, sondern ganz einfach links von der Möglichkeit sinnvollen Vergleichens überhaupt.

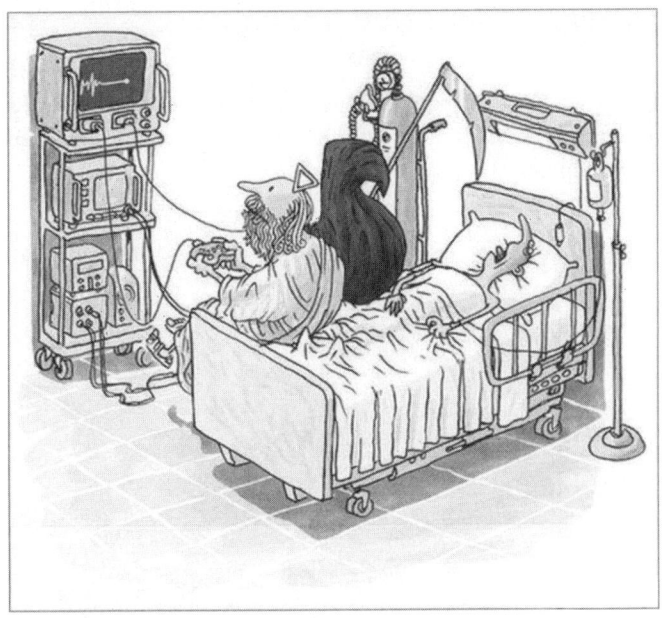

Abbildung 6: Das Leben ist ein Spiel. Cartoon von N. N.

Wie kann das alles wahr sein, woher kommt das, was ist zu tun?

Inhaltlich aufgefächert, resultiert die veränderte Schlussfolgerung bei Datenzusammenfassung aus den unterschiedlich hohen Anteilen von Operationen an Patienten in schlechtem Gesundheitszustand in beiden Krankenhäusern. Diese treten in Krankenhaus A weitaus häufiger auf. Insgesamt 1500 von 2100 Operationen sind in Krankenhaus A solche Risikooperationen, in Krankenhaus B machen sie dagegen nur 200 von 800 Operationen aus. Und die Sterberaten bei Risikooperationen sind natürlich um einiges höher als bei den anderen Operationen. Durch gewichtete Mittelung ergeben sich aus diesen prozentualen Sterberaten die zusammengefassten Sterberaten von Tabelle 5:

$$0,010 \times (600/2100) + 0,038 \times (1500/2100) = 0,03 \text{ oder } 3\%$$

$$0,0133 \times (600/800) + 0,040 \times (200/800) = 0,02 \text{ oder } 2\%$$

Das ist zunächst nur ein erläuternder Anfang. Wir werden noch tiefer schürfen.

Kleiner Ausflug ins Konstruktive. Wer leichter geometrisch denkt als arithmetisch, für den sei zur Klärung noch das folgende Diagramm hinzugefügt:

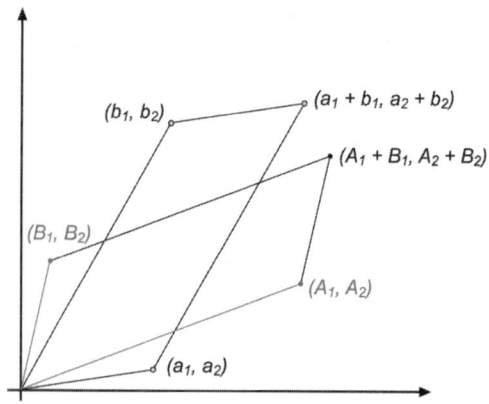

Abbildung 7: Simpsons Paradoxon visualisiert

Die Abbildung 7 ließe sich als Beweis ohne Worte verwenden. Wollte man trotzdem ein paar Worte zur Erklärung anbieten, dann könnten das diese sein: Der Bruch a_2/a_1 ist die Steigung der Strecke vom Nullpunkt des Achsensystems bis zum Punkt (a_1, a_2). Ein Vergleich der Steigungen der Strecken ergibt, dass zwar a_2/a_1 kleiner ist als A_2/A_1 und auch b_2/b_1 kleiner ist als B_2/B_1, dass aber die Summe $(a_2 + b_2)/(a_1 + b_1)$ größer ist als $(A_2 + B_2)/(A_1 + B_1)$. Zur Einschätzung der Größe der Brüche muss man nur die Steigungen der entsprechenden Strecken in Abbildung 7 vergleichen.

Siebzehn Sätze der Deutung. Die zentrale Frage für eine angemessene Deutung des Simpson'schen Paradoxons ist natürlich folgende: Welche der beiden konträren Schlussfolgerungen stimmt denn nun eigentlich? Oder am konkreten Musterbeispiel gefragt: Soll man sich in Krankenhaus A oder B der Operation unterziehen? Welches Krankenhaus ist besser?

Um diese Fragen angemessen zu beantworten, reicht es nicht aus, nur die Zahlen anzuschauen, man muss sich mit den Begleiterscheinungen und Hintergründen der Situation beschäftigen.

Zur richtigen Deutung der Zahlen ist es nötig, den Gesundheitszustand des Patienten vor der Operation mit einzubeziehen. Und in Bezug auf die zentrale Frage ist die Antwort nuancierter als ursprünglich gedacht: Sie hängt davon ab, in welcher Beziehung der Gesundheitszustand des Patienten zum Krankenhaus selbst steht. Ist dieser Zustand extern gegeben, dann ist das Krankenhaus A vorzuziehen. Vielleicht aufgrund besserer medizinischer Geräte oder wegen einer größeren Zahl von angestellten Spezialisten führt es vermehrt Risikooperationen durch, und bei diesen ist nun einmal die Sterberate höher.

Es ist aber auch denkbar, dass die beiden Krankenhäuser, etwa durch ihre am Patienten vorgenommenen Operationsvorbereitungen, den Gesundheitszustand des Patienten vor der Operation beeinflussen. Dann wäre das Krankenhaus A schlechter, denn in ihm käme durch OP-Vorbereitungen ein größerer Anteil von Patienten in einen schlechten Allgemeinzustand. Diese Frage, ob die Variable *Gesundheitszustand des Patienten* extern (also außerhalb des Krankenhauses) festgelegt ist oder intern (also innerhalb des Krankenhauses) beeinflusst wird, ist für eine kompetente Beantwortung der Fragestellung nötig. Diesbezüglich liegen aber hier keine Informationen vor. Es kommt also darauf an, welche Hypothese man darüber zugrunde legt. Hält man den Gesundheitszustand des Patienten für eine in Bezug auf die Krankenhäuser externe Größe, was in der Regel der Fall sein dürfte, dann ist Krankenhaus A vorzuziehen. Also legen wir uns bei einem A-Chirurgen unters Messer.

Aus freier Wildbahn. Das waren allesamt *in vitro* entworfene Zahlenbeispiele. Doch Simpsons Paradoxon kommt auch in naturbelassener Realität vor. Ein mustergültiges Paradebeispiel mit realen Daten, realen Menschen und, ja, realen Toten bezieht sich auf Todesurteile, die bei Mordprozessen in Florida ausgesprochen wurden. Die Fallzahlen im Zeitraum 1976 bis 1987 sind aufgeschlüsselt nach der Rassenzugehörigkeit (Schwarz oder Weiß) von Opfer und Täter.[3] Sie entstammen einer Studie zur Untersuchung der Frage, ob farbige Angeklagte, die in Florida wegen Mordes vor Gericht stehen, häufiger zum Tode verurteilt werden als weiße Angeklagte.

Hautfarbe Opfer	Hautfarbe Täter	Todesurteile		
		Ja	Nein	% Ja
I. Weiß	Weiß	53	414	11,3
	Schwarz	11	37	22,9
II. Schwarz	Weiß	0	16	0,0
	Schwarz	4	139	2,8
III.	Weiß	53	430	11,0
	Schwarz	15	176	7,9
IV. Weiß		64	451	12,4
Schwarz		4	155	2,5

Tabelle 8: Verhängte Todesurteile (Florida 1976–1987), aufgeschlüsselt nach der Hautfarbe von Opfer und Täter

Wir wollen die Tabelle etwas kommentieren und einige Schlüsse aus ihr ziehen. Wird die Rassenzugehörigkeit des Opfers in der Analyse ignoriert (Teil III der Tabelle als Summe der beiden Teile I und II, in denen die Daten für weiße und für schwarze Opfer angegeben sind), ist der Prozentanteil verhängter Todesurteile höher für weiße als für schwarze Täter (11,0 % gegenüber 7,9 %). Erstes Ergo: Weiße Täter werden häufiger zum Tode verurteilt als schwarze Täter.

Wird allerdings die Hautfarbe des Opfers als Variable kontrolliert, d. h., werden die Daten für Farbige als Opfer und für Weiße als Opfer separat betrachtet, ist in beiden Opfergruppen der Anteil verhängter Todesurteile bei schwarzen Angeklagten größer (22,9 % gegenüber 11,3 % bei weißen Opfern (siehe Teil I der Tabelle) und 2,8 % gegenüber 0,0 % bei schwarzen Opfern (siehe Teil II der Tabelle)). Zweites Ergo: Ganz gleich, welche Hautfarbe das Opfer hatte, farbige Angeklagte werden häufiger zum Tode verurteilt als weiße Angeklagte. Pech für uns: Die beiden Schlussfolgerungen widersprechen sich. Zwar hören sich beide plausibel an, doch nur eine kann richtig sein. Aber mittlerweile sind wir an Derartiges gewöhnt.

Das Paradoxon der einander widersprechenden Schlussfolgerungen entsteht dadurch, dass ein Todesurteil häufiger verhängt wurde, wenn das Opfer weiß als wenn es farbig war. Und: Weiße bringen weitaus häufiger Weiße um, als sie Schwarze umbringen. Die grobkörnige Analyse der Daten ohne Berücksichtigung der Hautfarbe des Opfers, als der im Hintergrund aber stark wirkenden Variable, führt zu einer Verfälschung der Ergebnisse: Das erste Ergo trifft nicht den Kern der Sache. Das zweite Ergo trifft zu.

Man spricht hier von Konfundierung. Das Ignorieren des wichtigen Wirkfaktors *Hautfarbe des Opfers* führt zu einer Fehldeutung. Die Präsenz von konfundierenden Variablen kann generell die Gültigkeit einer Schlussfolgerung stark beeinflussen und unter Umständen, wenn diese Variablen unberücksichtigt bleiben, die Daten also über sie hinweg vereinigt sind, sogar ins Gegenteil verkehren.

Jäger gegen Jäger

Die Parabel von den zwei Jägern, die von einem Bär verfolgt werden. Der erste meint: «Es ist hoffnungslos. Der Bär kann doppelt so schnell laufen wie wir.» Der zweite: «Es ist nicht hoffnungslos. Ich muss nicht schneller laufen als der Bär. Ich muss nur schneller laufen als du.»

Das Simpson'sche Aggregierungs-Paradoxon kann immer dann eintreten, wenn Daten von Gruppen ungleicher Größe vereinigt werden und eine konfundierende Variable präsent ist, welche einerseits die abhängige Variable beeinflusst, der unser Hauptaugenmerk gilt (z. B. Todesstrafenanteile), und andererseits auch auf die unabhängige Variable (z. B. Hautfarbe des Täters) einwirkt. Sprachlich bedeutet *konfundieren* so viel wie vermengen, vermischen oder durcheinanderbringen. Datenanalytisch liegt Konfundierung immer dann vor, wenn die zu untersuchende Variable von zwei oder mehr Faktoren gleichzeitig beeinflusst wird. Zusätzlich zu dem in die Analyse einbezogenen Faktor gibt es also noch mindestens einen anderen sogenannten Störfaktor. Konfundierung durch im Hintergrund aktive Effekte ist oftmals der Grund für Fehldeutungen von Ursache-Wirkungs-Beziehungen. Nicht in Betracht gezogene Störfaktoren machen empirische Befunde mitunter vollständig uninterpretierbar. Konfundierungseffekte lassen sich aber durch das Kontrollieren von Störfaktoren abfangen oder zumindest in Grenzen halten. Eine Möglichkeit der Kontrolle besteht darin, die Daten für verschiedene Werte des Störfaktors aufzuschlüsseln und diese separat zu interpretieren.

Konfundierung im Alltag

Ein Vater und seine kleinen Kinder fahren in der S-Bahn. Die Kinder sind außer Rand und Band, der Vater hat seine Hände vors Gesicht genommen und tut gar nichts. Die Mitreisenden werden unruhig, und schließlich fordert einer den Vater auf, seine Kinder besser zu kontrollieren, mit dem impliziten Vorwurf, er vernachlässige seine Erziehungspflichten. Der Vater sagt, dass sie gerade aus dem Krankenhaus kämen, wo seine Frau, die Mutter der Kinder, heute verstorben sei. Diese Hintergrundinformation ändert die Einschätzung der Mitreisenden grundlegend.

Die Beispiele öffnen uns die Augen dafür, dass es möglich ist, eine Gesamtmenge so in Teilmengen zu zerlegen, dass eine Eigenschaft der Gesamtmenge (etwa eine Größer-Kleiner-Beziehung) in Widerspruch steht zu derselben Eigenschaft in allen Teilmengen der Zerlegung. Konkret gesagt: Werden zwei Tabellen zu einer einzigen Tabelle verschmolzen, können sich Eigenschaften ändern. Auf diese Weise lassen sich bisweilen Tatsachen verfälschen.

Erwägung und Empfehlung. Das Simpson'sche Paradoxon ist ein Teil der Statistikausbildung in der Mathematik. Jeder Statistiker ist sensibilisiert für die Probleme, die entstehen können, wenn Daten zusammengefasst und aggregiert werden, denn es ist eine ganz einfache und weitverbreitete Möglichkeit, mit Daten Schindluder zu treiben, mit an sich korrekten Zahlen zu täuschen. Der Trick ist denkbar einfach. Er besteht darin, nur das Ergebnis der Datenaggregation publik zu machen, also die zusammengefassten Daten heranzuziehen und die Teilergebnisse schlicht zu ignorieren. Dabei sind es die Teilergebnisse, welche die wahre Geschichte erzählen. Datenkompression ist notwendig, keine Frage, aber zu starke Kompression kann falschen Interpretationen Vorschub leisten. Es ist unbedingt nötig, dieses Paradoxon zu popularisieren und Teil der Allgemeinbildung werden zu lassen.

Kleine epistemologische Zugabe für Philosophen.[4] Das Simpson-Paradoxon ist auch philosophisch bemerkenswert, demonstriert es doch in erstaunlicher Weise die Auswirkungen von zusätzlichen Informationen auf die Interpretation von Daten und wie sich aufgrund dieser Informationen Schlussfolgerungen umkehren können. Wir reißen diesen Problemkreis hier nur mit einer kurzen Abschlussüberlegung an. Dafür erzählen wir die Geschichte von den beiden Allergiemedikamenten noch etwas weiter.

Angenommen, Sie sind Arzt und arbeiten als Experte für eine telefonische Hotline. Jemand, der unter Allergien leidet, ruft an. Nehmen wir vereinfachend zusätzlich an, es gebe für Allergien

nur die beiden Medikamente M_1 und M_2. Sie empfehlen dem An-
rufer das Medikament M_1, denn es hat eine Heilungsquote von
über 50 %, wenn alle Ergebnisse zusammengezählt werden, während die von Medikament M_2 unter 50 % liegt. Doch Sie sind ein
gut informierter Arzt und wissen zum Beispiel, dass – obwohl
insgesamt Medikament M_1 erfolgreicher war – bei einer Studie
im Industrieviertel der Stadt mit einem hohen Schadstoffanteil
in der Luft Medikament M_1 von M_2 in der Wirksamkeit übertrof-
fen wurde. Um Ihrer ärztlichen Sorgfaltspflicht zu genügen,
müssen Sie also im Interesse des Anrufers diesem die Frage stellen, ob er im Industriegebiet wohnt. Und nun ist es kurioserweise
so, dass selbst, gesetzt den Fall, seine Antwort lautet «Nein!»,
sich aus der anderen Studie im Nicht-Industriegebiet ergibt, dass
Medikament M_2 das bessere von beiden ist. Unabhängig von der
Antwort des Anrufers ist also Medikament M_2 das bessere. Wenn
der Arzt keine Frage nach dem Wohngebiet des Anrufers stellt,
muss er M_1 empfehlen. Nachdem er die Frage gestellt hat, muss
er M_2 empfehlen, sogar ohne die Antwort abzuwarten, allein aufgrund der Tatsache, *dass* er die Frage gestellt hat. Auch philosophisch gesehen ist es also kein B-Paradoxon.

2. Wenn du von hier nach dort umziehst und hier wie dort nimmt der mittlere IQ zu

Schlaue (Daten-)Schieberei

Will Rogers war ein amerikanischer Kabarettist zu Beginn des
20. Jahrhunderts. Er war als Kosmokomiker und Humorist nicht
schlecht bekannt, doch unsterblich geworden ist er nicht durch
seine kabarettistischen Einlagen, sondern durch das nach ihm
benannte Will-Rogers-Phänomen. Rogers hatte die massenhafte
Umsiedlung von Farmern des Staates Oklahoma nach Kalifornien – Anlass gewesen war eine ökologische Katastrophe der
1830er Jahre, welche die Existenzgrundlage der Bauern zerstörte
– mit diesen Worten kommentiert: «Als die ‹Olkies› nach Kalifor-

nien umsiedelten, erhöhte sich der durchschnittliche Intelligenzquotient in beiden Staaten.»

Das Will-Rogers-Phänomen bezeichnet seither einen kontraintuitiven Effekt bei der Mittelwertbildung in mehreren Gruppen. Wechselt ein Element von einer Gruppe in eine andere, so ist es möglich, dass in beiden Gruppen der neue Mittelwert einer Größe (z. B. des Intelligenzquotienten) zunimmt. Für diesen überraschenden Effekt gibt es natürlich Beispiele. Und einfache noch dazu. Um bei der namengebenden Situation zu bleiben: Mit seiner zugleich subtilen wie frechen Bemerkung meinte Will Rogers, dass der mittlere IQ in Oklahoma deshalb steige, weil mit den Farmern nur ein im Mittel weniger intelligenter Teil der Bevölkerung den Staat verlassen habe. In Kalifornien sei der IQ gestiegen, weil dort die residierende Bevölkerung im Mittel noch weniger intelligent sei als die immigrierenden Olkies.

Abbildung 8: «Dies ist mein Bruder Dave. Er ist sehr intelligent, ein richtiges Erbsenhirn.» Cartoon von Tim Cordell.

Ein konstruiertes Rechenexempel soll die Situation auch zahlenmäßig verdeutlichen.

In der kleinen Gemeinde A-dorf haben die drei Bewohner ein mittleres Monatseinkommen von 2000, in der Gemeinde B-burg die sieben Bewohner ein mittleres Monatseinkommen von 7000 Euro. Im Einzelnen sind die Einkommen in Tausend Euro wie folgt:

A-dorf	B-burg
1 2 3	4 5 6 7 8 9 10
Mittelwert 2	Mittelwert 7

Die Einwohner von B-burg mit den Einkommen 4000 und 5000 Euro siedeln nun nach A-dorf um. Die Zusammensetzung der Gemeinden ist dann wie folgt:

A-dorf	B-burg
1 2 3 4 5	6 7 8 9 10
Mittelwert 3	Mittelwert 8

In beiden Gemeinden ist der Mittelwert gestiegen, von 2 auf 3 und von 7 auf 8 Tausend Euro. Etwas später siedeln auch noch die Einwohner von B-burg mit den Einkommen 6000 und 7000 Euro nach A-dorf um. Dann haben wir:

A-dorf	B-burg
1 2 3 4 5 6 7	8 9 10
Mittelwert 4	Mittelwert 9

Abermals sehen wir denselben Effekt. Erkennbar führen die beiden Umsiedlungen zu einer Vergrößerung des mittleren Einkommens, und zwar beide Male in beiden Gemeinden.

Man kann erahnen, dass der Will-Rogers-Effekt erstaunliche Anwendungen auch in anderen Situationen hat. Wir untersuchen hier eine ausgesprochen wichtige Auswirkung auf den Ausgang von Wahlen aufgrund von maßgeschneiderten Anpassungen der Wahlkreisgeometrie. Das ist die hohe Kunst des Zurechtschneidens der Wahlkreise durch eine Partei, die dies aufgrund ihrer Mehrheit durchsetzen kann, mit dem Ziel, den eigenen Kandidaten noch größere Wahlchancen zu verschaffen. So kann eine Partei theoretisch allein durch geschickte Wahlkreismodifikation in allen Bezirken ihren Stimmenanteil vergrößern, ohne zusätzliche Wählerstimmen zu erhalten oder sogar ohne dass es überhaupt Änderungen bei den Stimmen für alle beteiligten Parteien gibt. Auch damit werden wir uns befassen.

Das Will-Rogers-Phänomen hat wichtige Konsequenzen auch in den Wissenschaften, z. B. in der Medizin. Als bedeutsamer medizinischer Effekt ist es unter anderem in der Krebsforschung die Ursache mancher Fehlinterpretation.

In einer amerikanischen Studie wurden zwei Gruppen von Patienten, die an einem bösartigen Lungentumor litten, miteinander verglichen. In der jüngeren Erhebung aus den 1970er und 1980er Jahren hatten die Versuchsteilnehmer eine bessere Überlebensrate als die Probanden aus den 1950er und 1960er Jahren. Bei beiden Untersuchungen wurde dieselbe Stadieneinteilung der Tumore vorgenommen. Die scheinbare Prognoseverbesserung für die Kranken in der zweiten Studie war jedoch nicht das Ergebnis von verbesserten Therapien, sondern allein auf eine Verbesserung der diagnostischen Verfahren zurückzuführen, die inzwischen durch technischen Fortschritt zur Verfügung standen. Wie kann das sein? Wir geben dafür nun eine Plausibilitätserklärung.

Eine Verbesserung bei den bildgebenden Untersuchungsverfahren führte dazu, dass einige Patienten in der späteren Studie einem fortgeschritteneren Erkrankungsstadium zugeordnet wurden, als dies in der früheren Studie noch der Fall gewesen wäre. Diese Zuordnungsänderungen wirkten sich zum einen so aus, dass die Prognosen der Krankheitsverläufe in den weniger fortgeschrittenen Tumorstadien sich verbesserten, weil einige der Patienten mit der schlechteren Prognose in dieser Kategorie in die nächsthöhere Klasse übergewechselt waren. Zum anderen änderte sich auch die Prognose in weiter fortgeschrittenen Krankheitsstadien zum Besseren, und das ganz einfach deshalb, weil die von dem nächstmilderen Tumorstadium hochgestuften Patienten eine in der Regel bessere Prognose hatten als diejenigen Patienten, die dieser Kategorie aufgrund ihrer Tumorentwicklung leichter zugeordnet werden konnten.

Vereinfacht kann man es auch so verständlich machen: Die Tumore seien in kleine, große und noch größere eingeteilt, in verschiedene Klassen eben, je nach Stadium. Verbessern sich nun die bildgebenden Verfahren, werden von jedem Tumor mehr Teile entdeckt als zuvor, so dass Tumore, die aufgrund der früheren diagnostischen Möglichkeiten für klein gehalten wurden, nunmehr mit der neuen Technik als groß erkannt und entsprechend eingestuft werden. De facto geraten so die gefährlicheren Fälle aus der Gruppe der kleinen Tumore in die Gruppe der großen oder größeren Tumore, wo sie zu den weniger gravierenden Fällen gehören. Damit scheint sich für beide Gruppen gleichzeitig der Therapieerfolg zu verbessern, allein aufgrund von Zuordnungsverschiebungen, also ganz ohne therapeutische Verbesserungen. Mithin kann einzig und allein durch verbesserte Diagnostik aufgrund des Will-Rogers-Phänomens der fälschliche Eindruck einer verbesserten Therapie entstehen.

Um davon gebührend Notiz zu nehmen, wollen wir dies auch noch mit einem bequemen Rechenbeispiel belegen. Hypothetisch gehen wir von vier Stadien aus, also von vier verschiedenen Schweregraden der Krebserkrankungen, die mit A, B, C, D bezeichnet seien, zunehmend von leicht bis gravierend schwer. Für jedes Stadium werde die mittlere Überlebensdauer aller Patienten mit diesem Stadium ermittelt. Für die leichteren Schweregrade ist sie natürlich größer als für die nicht mehr leichten.

Stadium	A	B	C	D
mittlere Überlebensdauer in Jahren	16	8	4	1

Tabelle 9: Überlebensdauer nach Tumorstadien

Listen wir jeden einzelnen Krankheitsfall explizit auf, könnte die Situation etwa wie folgt sein.

Stadium	A	B	C	D
Überlebensdauer	20, 16, 12	10, 8, 6	5, 4, 3	1

Tabelle 10: Überlebensdauerdaten für 10 Patienten

Es gibt also je drei Patienten in den Stadien A, B, C und einen Patienten im Stadium D. Angegeben ist jeweils die Überlebensdauer. Nun wird der jeweils gravierendste Fall aus einem weniger weit fortgeschrittenen Stadium in das nächstschlimmere Krankheitsstadium hochgestuft, etwa weil Tumore mit besserer Technik als gravierender eingeschätzt werden müssen.

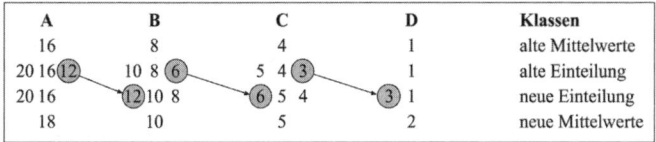

A	B	C	D	Klassen
16	8	4	1	alte Mittelwerte
20 16 (12)	10 8 (6)	5 4 (3)	1	alte Einteilung
20 16	(12) 10 8	(6) 5 4	(3) 1	neue Einteilung
18	10	5	2	neue Mittelwerte

Abbildung 9: Auswirkung der Neugruppierung einzelner Krankheitsfälle

Wie ersichtlich, hat in allen Klassen die mittlere Überlebensdauer zugenommen, so dass scheinbar Therapieverbesserungen registriert und konstatiert werden können. Dabei sind die errechneten «Verbesserungen» nur vermeintlich und werden vorgetäuscht allein durch geringfügige Modifikationen der Gruppierung der exakt unveränderten Krankheitsfälle. Dieser Gefahr muss man sich bei jeglicher Art von Studien bewusst sein, in denen ältere Daten zum Vergleich herangezogen werden. Nichtbeachtung ist ein ernster datenanalytischer Kunstfehler. Man vermeidet ihn durch zusätzliche Verwendung von Kontrollgruppen aus demselben Zeitsegment zu Vergleichszwecken.

Abbildung 10: «85 % erholen sich ohne Komplikationen, 60 % der übrigen 15 % haben eine langsame Erholungsrate, und die verbleibenden 40 % der 15 % benötigen möglicherweise eine weitergehende Behandlung.» Cartoon von Sidney Harris.

Wir wollen nun die bereits erwähnte Anwendung des Will-Rogers-Phänomens als Waffe in der Politik explizit analysieren. In diesem Bereich tritt das Phänomen am eindrucksvollsten beim sogenannten *Gerrymandering* auf. So wird die absichtliche, ganz allein der Erzielung politischer Vorteile dienende Veränderung der Grenzen von Wahlkreisen bezeichnet. Der Begriff ist eine Wortschöpfung in Anlehnung an Elbridge Gerry, im frühen 19. Jahrhundert Gouverneur des US-Bundesstaates Massachusetts, dessen eigener Wahlbezirk nach einem von ihm selbst politisch durchgesetzten Neuzuschnitt einem Salamander glich. Aus *Gerry* und *Salamander* entstand das Kunstwort.

Der Grund für den Neuzuschnitt bestand natürlich in der Schaffung eines Wahlbezirks, der hauptsächlich die Gerry politisch wohlgesinnten Regionen umfasste und so seine Wiederwahl sichern sollte. Geschicktes Gerrymanderisieren führte denn auch dazu, dass die Opposition bei der Wahl im Jahr 1812 trotz der Mehrheit der Stimmen von 51 % nur 11 der 40 Wahlkreise des Bundesstaates gewann.

Abbildung 11: «In den Umfragen liegen Sie vorne, aber hauptsächlich bei den Menschen, die nie ihre Stimme abgeben.» Cartoon von Jack Corbett.

Schon dieses Beispiel zeigt, dass in Mehrheitswahlsystemen ein wichtiger, wenn nicht gar der wahlentscheidende Faktor der geometrische Zuschnitt der Wahlkreise ist, denn in reinen Mehrheitswahlsystemen kann auch eine Minderheit der Wähler die Mehrheit der Wahlbezirke für eine Partei gewinnen. Wir demonstrieren dies mit einem zwar stilisierten Beispiel, das aber die

Wirkung geschickter Gerrymanderisierung sehr augenfällig macht.

Der Kleingärtnerbund (KGB) habe lediglich 20 Anhänger in einem Gebiet, während dessen Konkurrent, der Nicht-KGB, über die Mehrheit von 29 Anhängern verfügt. Die Verteilung der Anhänger beider Parteien über die Region sei wie folgt:

● ● ● ● ○ ● ○

● ○ ○ ● ○ ○ ●

○ ○ ○ ○ ● ○ ○

○ ○ ○ ○ ● ● ○

○ ○ ○ ○ ● ● ●

● ○ ○ ○ ● ○ ●

● ○ ● ○ ● ○ ○

Abbildung 12: Verteilung der Anhänger:
● KGB-Anhänger, ○ Nicht-KGB-Anhänger

Es gibt zwar in der Region, in der gewählt wird, 9 Nicht-KGB-Anhänger mehr als KGB-Anhänger, doch wer die Wahl gewinnt, hängt ganz allein vom Zuschnitt der Wahlkreise ab. Wenn etwa jeder Spalte von Abbildung 12 ein Wahlkreis entspricht, so gewinnt der KGB den 1. und 5. Wahlkreis, also nur 2 der 7 Wahlkreise, und verliert damit die Wahl. Wenn einer jeden Zeile ein Wahlkreis entspricht, dann gewinnt der KGB den ersten Wahlkreis, also nur 1 von 7 Bezirken, und verliert wiederum die Wahl. Wenn wir aber nun Gerrymanderisierung betreiben und die gleich großen, d. h. nach wie vor stets 7 Wähler umfassenden Bezirke wie folgt zuschneiden, dann gewinnt der KGB 4 der 7 Bezirke und somit auch die Wahl.

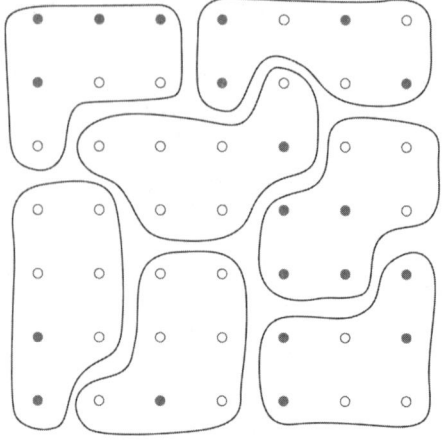

Abbildung 13: Gerry-
manderisieren zum
Vorteil des KGB

Nur die drei starken Nicht-KGB-Hochburgen in der Mitte und
im Südwesten gewinnt der KGB nicht. Das reicht dem KGB für
einen knappen Wahlsieg. Bei anderer Gerrymanderisierung wäre
aber auch ein 7:0-Kantersieg der Wahlkreise für den Nicht-KGB
möglich gewesen. Dazu bedarf es etwa der folgenden Einteilung
der Bezirke.

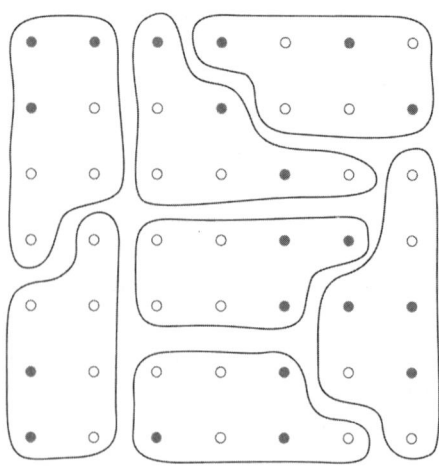

Abbildung 14: Gerry-
manderisieren zum
Vorteil des Nicht-KGB

Das Beispiel verdeutlicht die wahlentscheidenden Auswirkungen, die gezieltes Gerrymanderisieren haben kann, und die erhebliche Gefahr, die für demokratische Systeme davon ausgeht. In den Vereinigten Staaten wird Gerrymandering inzwischen in großem Stil und mit ausgefeilten datenanalytischen Methoden unter Computereinsatz betrieben. Dies führt dazu, dass bei Wahlen zum US-Repräsentantenhaus nur noch weniger als 10 % der Sitze tatsächlich umkämpft sind, alle übrigen befinden sich dagegen mehr oder weniger in der Hand einer der beiden großen Parteien. Im Jahr 2002 etwa haben lediglich vier Amtsinhaber ihre Wiederwahl für das Repräsentantenhaus verfehlt. Unverständlich ist deshalb, dass das Oberste Gericht der USA in einem aufsehenerregenden und sehr umstrittenen Urteil Gerrymandering vor einigen Jahren für rechtsgültig erklärt hat, solange es politisch und nicht rassistisch motiviert ist. In der Bundesrepublik, die ein kombiniertes Mehrheits- und Verhältniswahlrecht verwendet, hat Gerrymandering weit weniger eklatante Auswirkungen und wird nur selten vorgenommen.

Abbildung 15: Der Umfragen-Dialektiker: «Ich habe aufgehört, Umfragen zu beachten, seit eine Umfrage ergeben hat, dass die Wähler jemanden bevorzugen, der Umfragen nicht beachtet.» Cartoon von Harley Schwadron.

"I STOPPED PAYING ATTENTION TO POLLS SINCE A POLL SHOWED VOTERS PREFER SOMEONE WHO IGNORES THE POLLS."

II. Regelwidriges beim folgerichtigen Schließen

3. Warum man wahrscheinlich doch keinen Krebs hat, selbst wenn der Krebstest gerade positiv ausfiel

Zirkelschlüsse und andere Schlussfehler

Wenn es um das richtige Denken geht, führt kein Weg an der Logik vorbei. Logisches Denken ist folgerichtiges, widerspruchsfreies Denken. Unser Wort *Logik* kommt vom altgriechischen «he logike téchne», was so viel heißt wie «die denkende Kunst». Thematisch betrachtet, ist die Logik ein Gegenstandsbereich, den man in der Nähe der Grenzlinie zwischen Mathematik und Philosophie verorten kann. Die wissenschaftliche Disziplin der Logik untersucht die Gültigkeit von Argumenten in Abhängigkeit von der Struktur der an den Argumenten beteiligten Aussagen. Auf den Inhalt der beteiligten Aussagen kommt es nicht an. Formale Logik ist also der absolute Diskurs.

Logisches Denken ist nicht nur die Grundvoraussetzung für wissenschaftliches Arbeiten in allen Disziplinen, sondern auch für das Zurechtkommen im Alltag. Neben dem Begriff der formalen Logik gibt es auch noch den der Alltagslogik. Wer weitgehend unlogisch agiert, setzt sich dem Risiko aus, den Erfordernissen des Alltags oft nicht gerecht zu werden. Im Alltag können Denkfehler logischer Art gravierende Konsequenzen haben. In seinem Buch *Die Logik des Misslingens* macht Christoph Dörner deutlich, dass der Reaktorunfall von Tschernobyl durch unlogische Schlüsse auf Seiten des Personals der Steuerungszentrale mitverursacht wurde.

Zu den im Alltag wichtigsten logischen Denkverrichtungen gehören das *bedingte* Schließen und, wie es im Erkenntnistheo-

Abbildung 16: «Das ist nicht richtig, aber ich verstehe deine Logik.» Cartoon von Joe di Chiarro.

"That's not correct, but I see your logic."

retiker-Pidgin heißt, das *syllogistische* Schließen. Das bedingte Schließen hat die Form von Wenn-dann-Aussagen.

Wie logisch? Un-logisch. Philo-logisch. Psycho-logisch. None of the above.

Wenn Irren menschlich ist, dann ist Nichtirren unmenschlich.

Manfred Osten (geb. 1938), deutscher Kulturhistoriker

Ist dieser Satz logisch? Oder befindet er sich in logischer Schräglage?

Bei syllogistischem Schließen spielt der Umgang mit Begriffen wie «alle», «keine», «einige» eine Rolle. An ausgewählten Beispielen werden wir deutlich machen, bei welcher Art von bedingtem und syllogistischem Schließen die Intuition in Schwierigkeiten geraten kann und uns Menschen leicht in Fallen des fehlerhaften Schließens tappen lässt. Es gibt nur wenige sprachliche Gebilde wie die minimalistische Konstruktion «wenn ..., dann ...», die im Leben in so vielen Bereichen eine ähnlich große Rolle spielen, stellt sie doch einen Zusammenhang zwischen verschiedenen Gegebenheiten her. Und Erkenntnis ist zuvörderst das Erkennen von Zusammenhängen. Greifen wir einmal zu einem Standardbeispiel:

Wenn es regnet, dann ist die Straße nass. (1)
Es regnet.

Also ist die Straße nass.

Bei dieser Konstruktion heißt der erste Satz *Hauptprämisse*. Sie besteht aus zwei Aussagen: «Es regnet» (das ist das *Vorderglied*) und: «Die Straße ist nass» (das ist das *Hinterglied*). Der mit «wenn» eingeleitete Textteil heißt *Voraussetzung*, der mit «dann» eingeleitete Teilsatz heißt *Konsequenz*. Der zweite Satz («Es regnet») heißt *Nebenprämisse* und der dritte, unter dem Strich notierte Satz heißt *Konklusion*. Den Aussagen in Vorder- und Hinterglied sowie der Aussage in der Nebenprämisse lassen sich Wahrheitswerte zuordnen. Eine Aussage kann dabei nur «wahr» oder «falsch» sein, «ein Drittes gibt es nicht» (*tertium non datur*). Dieses logische Grundprinzip ist als Satz vom ausgeschlossenen Dritten bekannt. Es ist das sogenannte dritte Gesetz des Denkens. Das zweite Gesetz des Denkens ist der Satz vom Widerspruch, der besagt, dass es unmöglich ist, eine Aussage zugleich zu bejahen und zu verneinen. Das erste Gesetz des Denkens ist der Satz von der Selbstidentität aller Dinge, der für jedes A die gültige Feststellung A = A proklamiert.

Diese drei verbindlichen Grundsätze sind gewissermaßen Naturgesetze des Denkens. Sie bilden die Grundlage jeglichen folgerichtigen Schließens, können selbst aber nicht bewiesen werden und sind als Maxime jedwedem Denken und Weiterdenken vorangestellt. Alle drei Denkgesetze gehen auf Aristoteles zurück und finden sich in seinen sechs zum Organon zusammengefassten Büchern, in denen er darlegt, wie sich das menschliche Wissen in verschiedene Gebiete unterteilen lässt und mit Hilfe logischer Schlussweisen auf der Basis von Beobachtungen weiterentwickelt werden kann.

An das ausgeschlossene Dritte

Es gibt drei Arten von Menschen: solche, die an das Gesetz vom ausgeschlossenen Dritten glauben, und solche, die nicht daran glauben.[5]

Gehen wir nun zum bedingten Schluss in (1) zurück. Dieser Schluss ist gültig. Die Straße ist tatsächlich nass. Und viele Menschen sind in der Lage, dies ohne Weiteres zu erkennen. Ganz sicher nicht immer und auch nicht immer öfter, aber doch mehrheitlich und meistens.

In einem zweiten Anlauf nehmen wir eine Änderung vor:

Wenn es regnet, dann ist die Straße nass.   (2)
Die Straße ist nass.
_____
Also regnet es.

Viele Menschen halten auch diesen Schluss für gültig. Gültig im Sinne der Logik bedeutet dabei, dass immer dann, wenn die Voraussetzungen wahr sind, auch die Konklusion wahr ist, mithin das Ergebnis: «Also regnet es.» Doch das ist hier nicht gegeben. Die Straße kann auch nass sein, ohne dass es regnet. Kann ja sein, dass gerade die Feuerwehr gelöscht hat und dabei die Straße nass wurde. Oder jemand die Straße mit Wasser gereinigt hat.

Die gültige Schlussweise in (1) trägt den Namen Modus ponens. Die nicht gültige Schlussweise in (2) ist einer der gängigsten Fehlschlüsse im Zusammenhang mit bedingtem Schließen. Auch er hat einen Namen. Man nennt ihn das «Scheitern am Modus tollens». Der Modus tollens selbst ist dabei die folgende korrekte Schlussweise:

Wenn es regnet, dann ist die Straße nass.   (3)
Die Straße ist nicht nass.
_____
Also regnet es nicht.

Dieser gültige Schluss wird aber von einer weit geringeren Zahl von Menschen als gültig angesehen als der Schluss in (1).

Und zu guter Letzt vermerken wir auch noch die Schlussweise

Wenn es regnet, dann ist die Straße nass.   (4)
Es regnet nicht.
_____
Also ist die Straße nicht nass.

Auch dieser Schluss ist nicht gültig. Auch aus anderen Gründen, als dass es regnet, kann die Straße ja nass sein, wie wir bereits

Gelegenheit hatten zu bemerken. Dieser Schluss wird in der Logik als «Verneinung der Voraussetzung» bezeichnet. Der Schluss in (2) heißt entsprechend «Bejahung der Konsequenz».

Es gibt Dutzende von psychologischen Studien darüber, wie und ob Menschen in der Lage sind, die genannten gültigen Schlüsse vorzunehmen bzw. im Gegenteil mit der Verneinung der Voraussetzung oder der Bejahung der Konsequenz in Denkfallen hineintappen. Eine einflussreiche Studie von Rips und Marcus hat in einer Probandenpopulation die folgenden Prozentzahlen der Häufigkeit ermittelt, mit der diese vier Schlussweisen als gültig akzeptiert wurden, zwei davon fälschlich.

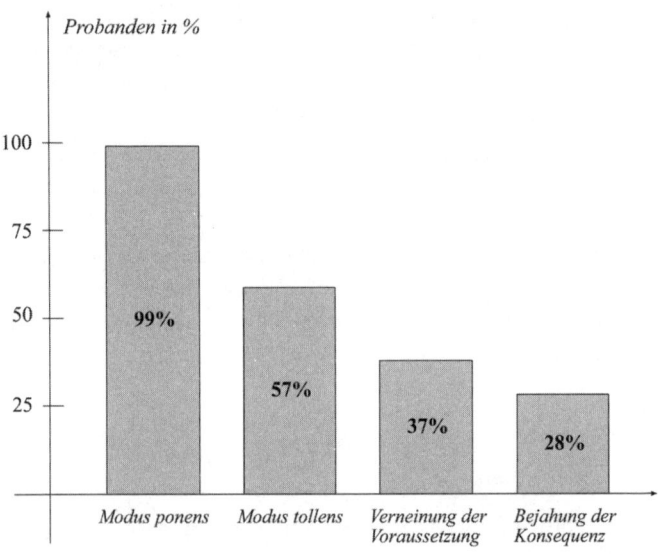

Abbildung 17: Häufigkeiten der Akzeptierung von *Modus ponens*, *Modus tollens*, *Verneinung der Voraussetzung*, *Bejahung der Konsequenz* als gültige Schlussweisen. Daten von Rips und Marcus (1977).

Die Ergebnisse sind aufschlussreich. Während fast alle Versuchspersonen den Modus ponens als gültige Schlussregel anerkennen – er wird sogar schon von Grundschülern beherrscht –, tun das beim Modus tollens nur etwas mehr als die Hälfte. Und 37 %

bzw. 28 % glauben irrtümlicherweise, dass mit Verneinung der Voraussetzung bzw. Bejahung der Konsequenz ebenfalls ein gültiger Schluss durchführbar ist.

An der zweiten populären Fußangel des logischen Denkens sind die an sich unscheinbaren Worte «und» sowie «oder» beteiligt. Auch zu diesem Thema zeigen wir ein paar logische Leckerbissen: Tüfteleien für Tüftler und Laien.

Beschäftigen Sie sich bitte einmal mit folgender Mitteilung:

Bert ist in Berlin oder Hans ist in Hamburg oder beides.
Hans ist in Hamburg oder Moni ist in München oder beides.

Was folgt aus diesen beiden Aussagen, wenn sie als wahr angenommen werden?

Gar nicht so leicht diese Frage, oder? Schaffen Sie sie in Minutenbruchteilen?

Wenn Sie es nicht schaffen, hier zu einem gültigen Schluss zu kommen,[6] ist es vielleicht tröstlich zu erfahren, dass in einer Studie von Johnson-Laird, Byrne und Schaeken (1992) nur ganze 6 % aller Befragten die richtige Folgerung ziehen konnten. Sie lässt sich so ausdrücken:

Bert ist in Berlin und Moni in München oder Hans ist in Hamburg oder beides.

Und wir ziehen muntert weiter. Als Nächstes zeigen wir ein Beispiel, das auf Peter Wason zurückgeht: In Abbildung 18 sehen Sie vier geometrische Objekte: ein graues Quadrat, ein weißes Quadrat, einen grauen Kreis und einen weißen Kreis. Ich (der Versuchsleiter) habe eine Farbe (grau oder weiß) und eine Form (Quadrat oder Kreis) ausgewählt. Jedes Objekt, das entweder die Farbe hat, die ich ausgewählt habe, oder die Form hat, die ich ausgewählt habe, aber *nicht* beides, ist ein **THOG**. Ich teile Ihnen mit, dass das graue Quadrat ein **THOG** ist. Bitte entscheiden Sie für jedes der drei übrigen Objekte:

(a) definitiv ein **THOG** (b) definitiv kein **THOG** (c) unentscheidbar.

Abbildung 18: Die vier Figuren des **THOG**-Problems

Alles klar?

Die richtige Antwort lautet: Der weiße Kreis muss zwingend ein **THOG** sein. Das weiße Quadrat und der graue Kreis aber sind definitiv keine **THOG**s. Wer anders denkt, denkt falsch.

Und in der Tat war dies für viele der Versuchsteilnehmer in der von Wason und Brooks (1979) beschriebenen Studie eine kontraintuitive Antwort, wenn man sie ihnen mitteilte.

Wie kann man für die Andersdenkenden die Lösung begründen?

Wenn das graue Quadrat nach gegebener Information ein **THOG** ist, dann besitzt es nur eine der beiden vom Versuchs-leiter ausgewählten Eigenschaften, nicht aber alle beide. Der Versuchsleiter kann somit entweder die Form *Kreis* und die Farbe *grau* ausgewählt haben oder eben als andere Möglichkeit die Form *Quadrat* und die Farbe *weiß*. Aus der Tatsache, dass nur genau eine der Eigenschaften übereinstimmt, nicht aber beide zutreffen, kann man ableiten, dass einerseits der graue Kreis und andererseits das weiße Quadrat keine **THOG**s sein können.

Der weiße Kreis hingegen besitzt bei beiden Möglichkeiten, welche für die vom Versuchsleiter getroffene Auswahl bestehen, jeweils genau eine der Eigenschaften, nicht jedoch alle beide, ist also zwingend ein **THOG**. Das ist die Lösung!

Wenn Sie das Gegenteil gedacht haben – der weiße Kreis sei definitiv kein **THOG**, die anderen Objekte aber doch –, dann haben Sie damit immerhin die Mehrheitsmeinung abgebildet. Das sagt auch eigentlich unsere Intuition und deshalb haben Wason und Brooks diese angebotene Lösung als den intuitiven Fehler bezeichnet.[7]

Was die **THOG**-Aufgabe so knifflig macht, ist, dass die gegebene Information das Arbeitsgedächtnis auf eine harte Probe stellt und Konfusion erzeugt. Sie führt dazu, dass die Probanden die Hypothese über die Regel des Versuchsleiters und die tatsächlichen Merkmale eines speziellen Objekts, das auf **THOG**-haftigkeit geprüft wird, leicht durcheinanderbringen.

Als Nächstes befassen wir uns mit dem ausgedehnten Komplex des syllogistischen Schließens. Auch das ist eine häufig anzutreffende Art des Schließens. Dies liegt einfach daran, dass viele Alltagsschlüsse Verallgemeinerungen über Objekte, Personen oder Begebenheiten beinhalten, die durch sprachliche Ausdrücke wie «Alle R sind S», «Kein R ist S», «Einige R sind S», «Einige R sind nicht S» ausgedrückt werden können. Dabei wird stets die Annahme gemacht, dass die Mengen, auf die sich diese Aussagen beziehen, nicht leer sind. Die Aussage «Kein R ist S» bedeutet also, rein logisch betrachtet, es gibt Objekte R und keines davon hat die Eigenschaft S.

Mit dieser Feststellung im Hinterkopf machen wir uns nun Gedanken über die folgenden Schlüsse:

Alle Professoren sind Intellektuelle.
Alle Intellektuelle sind Atheisten.

Also sind alle Professoren Atheisten.

Dieser Schluss ist korrekt; in einschlägigen Experimenten vermochten ihn die allermeisten Versuchspersonen ohne Mühe zu ziehen. Auf den Inhalt der Aussagen, also ihre formale Richtigkeit, kommt es ja, wie bereits erwähnt, nicht an.

Wie aber steht es um den nächsten Schluss?

Alle Professoren sind Intellektuelle.
Alle Atheisten sind Intellektuelle.

Alle Professoren sind Atheisten.

Nach Knauff (2005), dem diese Informationen entnommen sind, glauben rund 70 % aller Versuchspersonen, dass dieser Schluss ebenfalls gültig ist. Er ist es aber nicht. Formal-logisch kann man aus den gegebenen Prämissen nicht einmal ableiten, dass einige Professoren Atheisten sind.

Die obigen sprachlichen Erzeugnisse sind logische Gebilde bestehend aus zwei Prämissen und einer Konklusion als Schlussfolgerung daraus. Als Prämissen wollen wir nur Ausdrücke der vorerwähnten Typen zulassen: Alle R sind S, Keine R sind S, Einige R sind S, Einige R sind nicht S. Diese Ausdrücke bezeichnen wir abkürzend mit *Alle (R, S)*, *Kein (R, S)*, *Einige (R, S)*, *Einige ... nicht (R, S)* oder noch kürzer mit ihren traditionellen Bezeichnungsweisen A, E, I, O. Die Wörter «alle», «keine», «einige» heißen in der Logik Quantoren. Schlussfolgerungen, die Quantoren beinhalten, werden als Syllogismen bezeichnet. Die obigen Prämissen werden als affirmativ oder negativ eingestuft, in einfacher Abhängigkeit davon, ob sie einen bestätigenden Quantor (alle, einige) oder einen verneinenden Quantor (kein, einige ... nicht) besitzen.

Die Syllogismen, denen wir unser Augenmerk widmen wollen, besitzen alle genau zwei Prämissen und eine Konklusion. Es bestehen also $4 \times 4 = 16$ mögliche Kombinationen für die Prämissentypen. Außerdem gibt es 4 Möglichkeiten für die Reihenfolge der Terme in jeder der beiden Prämissen. Diese unterschiedlichen Möglichkeiten heißen aus historischen Gründen *Figuren* und sind in folgendem Schema festgehalten:

	1. Figur	2. Figur	3. Figur	4. Figur
1. Prämisse	R – S	S – R	R – S	S – R
2. Prämisse	T – R	T – R	R – T	R – T
Konklusion	T – S	T – S	T – S	T – S

Da man diese 4 Figuren mit den 16 Kombinationen der Quantoren für die Prämissen kombinieren kann, gibt es 64 mögliche Syllogismen dieser Bauweise.

Nur wenige der 64 Syllogismen sind aber tatsächlich logisch gültige Schlüsse. Der einfachste davon ist der sogenannte perfekte Syllogismus, bei dem der Quantor A, also Alle, in jedem der drei Sätze vorkommt. In der ersten Figur hat er die Bauart:

Alle R sind S.
Alle T sind R.
_____
Ergo: Alle T sind S.

Der Prämissenteil wird mit AA1 abgekürzt, die Konklusion mit A. Das A steht dabei für die Bauart Alle (R, S) bei Verwendung der Bezeichnungen A, E, I, O. Die 1 weist auf die erste Figur hin. Insgesamt schreibt man diesen Syllogismus gerafft als AAA.

Ein weiterer gültiger Syllogismus ist AII in nun selbsterklärender Bezeichnungsweise. In der ersten Figur hat er die folgende Gestalt:

Alle R sind S.
Einige T sind R.
_____
Ergo: Einige T sind S.

Chater und Oakesford (1999) haben die Ergebnisse mehrerer kognitionswissenschaftlicher Studien über diese Syllogismen gebündelt. In diesen Studien wurden den Versuchspersonen alle möglichen Prämissenkombinationen in den 4 Figuren vorgelegt, von AA1 bis OO4. Ihre Aufgabe bestand darin, gültige Konklusionen aus A, E, I, O zu wählen oder N für den Fall, dass kein logischer Schluss aus den gegebenen Prämissen möglich ist.

Syllogismus	Gültig	Gewählte Konklusion				
		A	E	I	O	N
AA1	A und I	90	0	5	0	2
AI1	I	0	3	92	3	3
IA4	I	0	1	91	1	4
EA4	O	1	61	3	8	24
AA4	I	75	1	16	1	4
AO3	N	0	0	10	66	19

Tabelle 11: Relative Häufigkeit in Prozent für die drei am häufigsten und drei selten korrekt gelösten Syllogismen. Die erste Spalte enthält den Syllogismus, die zweite Spalte die logisch gültige Konklusion, die Spalten 3 bis 7 die von den Probanden gewählten Konklusionen in Prozent. (Teils summieren sich die Daten nicht zu 100 %, weil in einigen Studien von den Probanden noch andere, irrelevante Antworten gegeben wurden, sowie auch aufgrund von Rundungseffekten.)

Tabelle 11 listet einige Syllogismen auf, zusammen mit den jeweils gültigen Konklusionen und den prozentualen Häufigkeiten der von den Versuchspersonen gewählten Konklusionen.

Der am häufigsten korrekt bewältigte Syllogismus ist der perfekte Syllogismus AA1 in der ersten Figur. Der am wenigsten häufig bewältigte Syllogismus ist EA4 in der 4. Figur, der als einzig gültigen Schluss O hat. Dieser wird nur von 8 % der Versuchsteilnehmer als gültig angegeben. Fast zwei Drittel aller Probanden geben E fälschlich als gültigen Schluss an. Der Syllogismus EA4 mit O bzw. E als Konklusion hat die Gestalt:

Kein S ist R.
Alle R sind T.

Ergo: Einige T sind nicht S.
Aber nicht: Kein T ist S.

Ein konkretes Beispiel lautet:

Kein Sachse ist Papst.
Alle Päpste sind Katholiken.

Ergo: Einige Katholiken sind keine Sachsen.
Aber nicht: Kein Katholik ist Sachse.

Man sieht, dass es in der konkretisierten Version weniger kompliziert ist, den richtigen Schluss zu ziehen. Tabelle 11 zeigt generell, dass es den Versuchsteilnehmern nicht immer leichtfiel, die logisch richtige Konklusion zu ermitteln. In Einzelfällen kann es sogar recht tricky sein.

Höchste Zeit, sich zwischen all den gezogenen Schlüssen einmal wieder mit einem Gedankensplitter zu animieren.

«Berühmter Psychiater»-Syllogismus

Glück ist die späte Erfüllung eines Kinderwunsches.
Geld ist kein Kinderwunsch.
Darum macht Geld auch nicht glücklich.

Der berühmte Psychiater Sigmund Freud einst
in einem Brief an Wilhelm Fließ

Es dürfte deutlich geworden sein, dass die Logik und ihre scharf-konkrete Anwendung zahlreiche Möglichkeiten bietet, sich zu irren. Zwei der häufigsten logischen Fehlanwendungen sind der Zirkelschluss und das bereits erwähnte Scheitern am Modus tollens. Unsere nächste Neugier gilt diesen beiden Schlussfehlern.

Als *Zirkelschluss* bezeichnet man den logisch ungültigen Versuch, eine Aussage zu beweisen, indem die Aussage selbst im Beweisgang als Voraussetzung verwandt wird. Diese Selbstbezüglichkeit kann sich auch über mehrere Stufen hinweg einstellen. Ganz analog heißt auch eine Definition, bei welcher der zu definierende Begriff im definierenden Ausdruck vorkommt, *Zirkeldefinition*.

Tüchtigkeits-Seinsweisen

Darwinismus ist nach einer möglichen Definition das Überleben der Tüchtigsten. Doch wer sind die Tüchtigsten? Es sind weder immer die Stärksten noch die Klügsten, noch die Schönsten, denn Schwäche, Dummheit und Hässlichkeit überleben offenkundig in großer Zahl. Es gibt nur eine konsistente Möglichkeit der Definition von Tüchtigkeit. Sie ist am Überleben erkennbar. Damit ist der Begriff «Tüchtigsein» nur ein anderes Wort für «überlebt haben». Wer nicht überlebt, ist nicht tüchtig. Doch dann ist Darwinismus nichts anderes als das Überleben der Überlebenden.

nach Charles Fort

Zum einfachen Einstieg geben wir einige Beispiele für zirkuläres Denken:

Beispiel 1:

«Herr K hat mir erzählt, Gott habe mit ihm gesprochen.» – «Das glaube ich nicht, Herr K lügt bestimmt.» – «Das kann nicht sein. Gott würde doch nicht mit jemandem sprechen, der lügt.»

Beispiel 2:

Zirkularität kommt auch in diesem bekannten Kinderlied zum Ausdruck.

Hole Wasser,
du dumme Liese, dumme Liese, dumme Liese!
Womit denn,
lieber Heinrich, lieber Heinrich, lieber Heinrich?
Mit dem Topf,
du dumme Liese, dumme Liese, dumme Liese!
Wenn der Topf aber ein Loch hat,
lieber Heinrich, lieber Heinrich, lieber Heinrich?
Stopf es zu,
du dumme Liese, dumme Liese, dumme Liese!
Womit denn,
lieber Heinrich, lieber Heinrich, lieber Heinrich?
Mit dem Stroh,
du dumme Liese, dumme Liese, dumme Liese!
Wenn das Stroh aber zu lang ist,
lieber Heinrich, lieber Heinrich, lieber Heinrich?
Schneid es ab,
du dumme Liese, dumme Liese, dumme Liese!
Womit denn,
lieber Heinrich, lieber Heinrich, lieber Heinrich?
Mit dem Beil,
du dumme Liese, dumme Liese, dumme Liese!
Wenn das Beil aber zu stumpf ist,
lieber Heinrich, lieber Heinrich, lieber Heinrich?
Schleif es ab,
du dumme Liese, dumme Liese, dumme Liese!
Womit denn,
lieber Heinrich, lieber Heinrich, lieber Heinrich?
Mit dem Schleifstein,
du dumme Liese, dumme Liese, dumme Liese!
Wenn der Schleifstein aber zu trocken ist,
lieber Heinrich, lieber Heinrich, lieber Heinrich?
Hole Wasser,
du dumme Liese, dumme Liese, dumme Liese!
...

Es ist aber der liebe Heinrich, dem der logische Zirkel unterläuft. Insofern ist er der Dumme.

Verwandschaftslogologie: Von Eltern, Enkeln, Omen und Open

Einen erheblich komplizierteren Zirkel erhalte ich, wenn ich mich mit einer Witwe verheirate, die eine erwachsene Tochter hat. Mein Vater, der uns oft besuchte, verliebte sich in meine Stieftochter und heiratete sie, dadurch wurde mein Vater mein Schwiegersohn und meine Stieftochter meine Mutter. Einige Zeit darauf schenkte mir meine Frau einen Sohn, welcher der Schwager meines Vaters und mein Onkel wurde. Die Frau meines Vaters, meine Stieftochter, bekam auch einen Sohn. Dadurch erhielt ich einen Bruder und gleichzeitig einen Enkel. Meine Frau ist meine Großmutter. Ich bin also der Mann meiner Frau und gleichzeitig der Stiefenkel meiner Frau, mit anderen Worten, ich bin mein eigener Großvater.

Bonmot vom Juli 1922 aus einer Zürcher Zeitung, zitiert nach Wirth (1983)[8]

Und als Zugabe von mir an dieser Stelle noch eine Zusatzfrage: Bei einem Familienfest treffen Sie die Schwägerin des Ehemanns der einzigen Schwester Ihrer Mutter. Wie nennen Sie diese Dame?

Beispiel 3:

Herr K ist krank und kommt ins Krankenhaus. Dort wird er von einem Medizinstudenten und einem Professor untersucht. Es entwickelt sich das folgende ärztliche Gespräch.

Professor: «Bei dem Patienten kommen nur sechs Krankheiten in Frage: Kaugummi-Kauzwang, intermittierende Nasophobie, Hirnversalzung, Denkinsuffizienz, Riechneurose und Ohrensausen.»

«Angenommen, es ist Nasophobie», versucht es der Student, «dann kann er nicht am Gummikauzwang leiden.» – «Und wenn er nicht am Gummikauzwang leidet, dann hat er sicher Hirnversalzung», folgert der Professor. «Hirnversalzung aber zieht Denkinsuffizienz nach sich», meint der Student. «Doch Denkinsuffizienz löst Ohrensausen aus», schließt der Professor. «Wenn aber jemand Ohrensausen hat, dann hat er auch Nasophobie», ergänzt der Student. «Damit ist bewiesen, dass Herr K an Nasophobie leidet», fasst der Professor die Folgerungskette zusammen.

Diese Argumentationslinie enthält aber einen lupenreinen Zirkelschluss und die Schlussfolgerung ist deshalb logisch ungültig. Wenn wir abkürzend

N = Nasophobie
O = Ohrensausen

schreiben, so kann man die ungültige Beweiskette des Dialogs leicht zusammenfassen:

Aus N folgt O.
Aus O folgt N.
Ergo: N

Kosebegriff *Lesemenschenkette*

Im Alter von 16 Jahren las ich Kant, schrieb Einstein einst. Ich dagegen las mit 16: Einstein. Wer dies jetzt gerade liest, liest mich. Eine Lesemenschenkette über Kant, Einstein, mich und dich.[9]

Ein Zirkelschluss kollidiert mit dem so bezeichneten Prinzip vom zureichenden Grunde. Das Prinzip stellt eine weitere Hauptforderung klassischer Logik dar, nach der jede Aussage A durch eine andere Aussage B begründet werden muss, deren Wahrheit bewiesen ist. Da aber natürlich für die Aussage B prinzipiell dasselbe gilt, stehen wir hiermit vor dem Begründungsproblem, dass eine begründende Aussage wiederum durch eine begründete Aussage begründet werden muss usw. Diese Grundsituation wird auch als Münchhausen-Trilemma bezeichnet. Es ist eine Problematik, bei der man die Wahl hat zwischen drei – nicht nur wie bei einem Dilemma zwei – unerfreulichen Alternativen:

– Man begibt sich mit immer weiteren Begründungen und Begründungen von Begründungen in einen unendlichen Regress.

- Man bricht den Begründungsprozess ab und beruft sich auf Dogmen, also auf Aussagen, die man als wahr postuliert. Dogmen findet man häufig in Religionen, aber nicht nur dort. Auch die Mathematik gründet ihre Gedankengebäude auf eine Art von Dogmen, den sogenannten Axiomen, die als wahr gesetzt werden.
- Man gerät in einen logischen Zirkel.

Bemerkenswerter Beschluss

1. Der Rat beschließt, dass ein neues Gefängnis gebaut wird.
2. Der Rat beschließt weiterhin, dass Steine und Baumaterial des alten Gefängnisses für den Neubau verwendet werden.
3. Der Rat beschließt ferner, dass bis zur Fertigstellung des neuen Gefängnisses das alte Gefängnis nach wie vor benutzt werden soll.

Beschluss des Rates von Canton, Mississippi (USA)

Wir kehren nun noch einmal zum Modus tollens zurück, doch geben wir der Sache einen neuen Dreh, indem wir eine wahrscheinlichkeitstheoretische Variante des Scheiterns am Modus tollens untersuchen. Dabei handelt es sich um eine Verallgemeinerung. Oft werden Prognosen nämlich in der Form von Wahrscheinlichkeitsaussagen gemacht. Eine Hypothese (oder Theorie) mag prognostizieren, dass ein Ereignis mit 30%iger Wahrscheinlichkeit eintritt, während eine konkurrierende Hypothese (oder Theorie) vorhersagt, dass dasselbe Ereignis mit einer Wahrscheinlichkeit von 80 % eintritt. Das Eintreten oder Nichteintreten des prognostizierten Ereignisses würde unseren Glauben sowohl an die eine als auch an die andere Hypothese (oder Theorie) verändern. Aber wie? Und wie kann man dies auf eine quantitativ präzise Grundlage stellen?

Das Theorem von Bayes aus der Wahrscheinlichkeitsrechnung bietet einen formalen Rahmen, in dem die Plausibilität einer Aussage zahlenmäßig erfasst und im Licht neuer Ereignisse verändert werden kann. Um zu verstehen, wie das geschieht, müssen wir uns ein wenig mit Wahrscheinlichkeiten vertraut machen.

Wahrscheinlichkeiten sind allgegenwärtig. Oft sind wir an den Wahrscheinlichkeiten von Ereignissen A interessiert (etwa dass es morgen regnet). Manchmal wissen wir bereits, dass andere Ereignisse B eingetreten sind (etwa dass heute ein regnerischer Tag war), die möglicherweise für das Eintreten von A relevant sind, indem sie das Ereignis A wahrscheinlicher oder unwahrscheinlicher machen. Mit anderen Worten, wir wissen bereits, dass bei einem zufallsbehafteten Vorgang ein Ereignis B eingetreten ist, und interessieren uns für die Wahrscheinlichkeit, dass außerdem auch das Ereignis A eingetreten ist oder eintreten wird. Diese Wahrscheinlichkeit nennen wir die *bedingte* Wahrscheinlichkeit von A gegeben (oder unter der Voraussetzung) B. Sie wird als $P(A/B)$ geschrieben.

Wenn beispielsweise aus einer Menge von 100 Produktionsstücken 20 als Stichprobe rein zufällig ausgewählt werden und sich in dieser Teilmenge 15 defekte Stücke befinden, könnte man sich für die Wahrscheinlichkeit interessieren, dass insgesamt mehr als die Hälfte der 100 Produktionsstücke defekt sind. Hier ist A das Ereignis, dass insgesamt mehr als 50 Produktionsstücke defekt sind, und B ist das Ereignis, dass mindestens 15 Produktionsstücke defekt sind. Wir wissen, B ist eingetreten – denn das hat ja die Stichprobe ergeben –, und fragen nach der Wahrscheinlichkeit von A.

Diese Frage kann man sofort verallgemeinern. Wie lässt sich ganz generell die Wahrscheinlichkeit von A gegeben B ermitteln? Da das Ereignis B eingetreten ist, muss es entweder zusammen mit A eintreten (dann ist das Verbundereignis $A \cap B$ eingetreten) oder B wird mit dem Gegenteil $\bar{A}$ von A eintreten (dann ist $\bar{A} \cap B$ eingetreten). Es ist deshalb naheliegend im Sinne der Häufigkeitsinterpretation der Wahrscheinlichkeit, die bedingte Wahrscheinlichkeit $P(A/B)$ als jenen Anteil der Wiederholungen des Zufallsvorgangs zu betrachten, in denen A und B gemeinsam eintreten, relativ zum Anteil der Wiederholungen, in denen B gemeinsam mit A oder gemeinsam mit $\bar{A}$ eintritt, d. h.

$$P(A/B) = \frac{P(A \cap B)}{P(A \cap B) + P(\bar{A} \cap B)} \; .$$

Da aber das Ereignis $A \cap B$ vereinigt mit dem Ereignis $\bar{A} \cap B$ gerade das Ereignis B bildet und somit $P(A \cap B) + P(\bar{A} \cap B) = P(B)$ gilt, haben wir

$$P(A/B) = \frac{P(A \cap B)}{P(B)}$$

sowie bei durchgehender Vertauschung von A und B auch diese Variante

$$P(B/A) = \frac{P(B \cap A)}{P(A)} \; .$$

Der letzte Ausdruck ist die bedingte Wahrscheinlichkeit von B gegeben A. Das ist ein großer didaktischer Raumgewinn. Da ja das Ereignis $A \cap B$ dasselbe ist wie das Ereignis $B \cap A$, nämlich das Zusammeneintreten der beiden Ereignisse A und B bezeichnet, erhält man aus den letztgenannten Formeln sofort die Beziehung

$$P(A/B) \times P(B) = P(A \cap B) = P(B \cap A) = P(B/A) \times P(A)$$

beziehungsweise

$$P(A/B) = \frac{P(B/A) \times P(A)}{P(B)} \; . \tag{5}$$

Das Theorem des anglikanischen Bischofs. Die Gleichung (5) ist das berühmte Theorem von Thomas Bayes.[10] Im Grunde ist es eine mathematische Trivialität, doch erweist es sich als extrem nützlich. Es beschreibt den Zusammenhang, der zwischen einfachen unbedingten und bedingten Wahrscheinlichkeiten besteht, und stellt eine Beziehung zwischen den unterschiedlichen Wirklichkeiten her, die durch A/B und B/A ausgedrückt werden. Es ist ja nicht dasselbe, ob wir ins Theater gehen, wenn es regnet, oder ob es regnet, wenn wir ins Theater gehen.

Um das Bayes'sche Theorem in Aktion zu erleben, greifen wir einmal ein Beispiel aus dem richtigen Leben heraus, eine Standardsituation für Urologen weltweit. Die Daten sind zwecks glatter Rechnung ein wenig gerundet. Der prinzipielle Effekt bleibt davon aber unberührt.

Aus statistischen Erhebungen sei bekannt, dass 1 % aller 60-jährigen Männer, die an routinemäßigen Vorsorgeuntersuchungen teilnehmen, Prostatakrebs haben. Als Indikator für Prostatakrebs gibt es einen Schnelltest, der unter dem Namen PSA-Test bekannt ist. Die Verlässlichkeit des Tests kann durch die folgenden Angaben charakterisiert werden: 80 % der Männer mit Prostatakrebs werden einen positiven PSA-Test haben, und bei 20 % der Männer ohne Prostatakrebs wird der PSA-Test fälschlicherweise ebenfalls positiv ansprechen. Angenommen, ein Mann in dieser Altersklasse habe bei einer Routineuntersuchung ein positives PSA-Testresultat erhalten. Wie groß ist die Wahrscheinlichkeit, dass er tatsächlich Prostatakrebs hat?

Versuchen Sie zunächst einmal rein intuitiv, die Antwort per Überschlag abzuschätzen. Es gibt umfangreiche Studien über dieses Thema. Nur etwa 15 % der Ärzte liegen mit ihrer Antwort auf diese oder vergleichbare Fragen größenordnungsgenau richtig, die überwiegende Mehrheit befindet sich - teils eklatant - auf dem Holzweg.[11] Die meisten Mediziner schätzen die gefragte Wahrscheinlichkeit im Bereich von 75 %, plus oder minus ein paar Prozentpunkte.

Wir folgen dem Prinzip der sanften Herleitung. Ein 60-jähriger Mann, der sich einer Routineuntersuchung unterzieht, hat, wie erwähnt, eine Wahrscheinlichkeit von nur 1 %, an Prostatakrebs zu leiden. Das Vorliegen des Testergebnisses verändert diese Wahrscheinlichkeit. Man kann die wahrscheinlichkeitsverändernde Wirkung des PSA-Tests auch so darstellen: Vor dem PSA-Test lässt sich die Grundgesamtheit der 60-jährigen Männer in zwei Gruppen einteilen:

Gruppe K: Männer mit Krebs
Gruppe $\bar{K}$: Männer ohne Krebs

Nach Durchführung des PSA-Tests ist aufgrund des Testergebnisses eine höher auflösende Klasseneinteilung in 4 Gruppen möglich:

Gruppe $K+$: Männer mit Krebs und mit positivem Test
Gruppe $K-$: Männer mit Krebs und mit negativem Test
Gruppe $\bar{K}+$: Männer ohne Krebs und mit positivem Test
Gruppe $\bar{K}-$: Männer ohne Krebs und mit negativem Test

Die Vereinigung der beiden Gruppen $K+$ und $\bar{K}+$ ist die Gruppe der 60-jährigen Männer mit positivem Test und sie sollte mit der obigen Gruppe K der Männer mit Krebs verglichen werden. Im Idealfall sollte die Teilmenge aller untersuchten Männer mit positivem Test natürlich gleich der Teilmenge aller untersuchten Männer mit Krebs sein. Der Realfall weicht davon aber ab.

Zwischen-fraglich

Wie ist es möglich, dass der genetische Unterschied zwischen Mensch und Schimpanse gewöhnlich als mit 1 % angegeben wird, während der genetische Unterschied zwischen Frau und Mann 1 Chromosom von 46 ist, mit anderen Worten 2,2 %?

Diese Situation lässt sich quantitativ sehr effektiv mit Hilfe des Bayes'schen Theorems analysieren. Man kann sie als mathematische Formel fürs Dazulernen deuten. Wir betrachten die Ereignisse K = «Patient hat Krebs» und $\bar{K}$ = «Patient hat keinen Krebs». Diese Ereignisse besitzen die Wahrscheinlichkeiten $P(K) = 0{,}01$ und $P(\bar{K}) = 0{,}99$. Außerdem besitzen wir Zuverlässigkeitsinformationen über den PSA-Test. Wir schreiben « + » für das Ereignis eines positiven Tests bei einem Patienten und entsprechend « – » für ein negatives Testergebnis. Nach den gegebenen Daten ist die Wahrscheinlichkeit eines positiven Testergebnisses bei Vorliegen von Krebs gleich der bedingten Wahrscheinlichkeit $P(+/K) = 0{,}80$. Ferner ist die Wahrscheinlichkeit eines positiven Testergebnisses bei Nichtvorliegen von Krebs $P(+/\bar{K}) = 0{,}20$. Unser Interesse gilt aber der Frage nach einer anderen Wahrscheinlichkeit: Wenn das Testergebnis positiv war, wie wahrscheinlich ist es dann, tatsächlich Krebs zu haben? Symbolisch ausgedrückt, ist es die bedingte Wahrscheinlichkeit $P(K/+)$.

Das Bayes-Theorem gestattet uns die Berechnung von $P(K/+)$

aus der umgekehrten bedingten Wahrscheinlichkeit $P(+/K)$ und der einfachen Wahrscheinlichkeit $P(+)$ eines positiven Testergebnisses. Doch wie erhalten wir $P(+)$? Man kann diese Wahrscheinlichkeit aufspalten in die Summe aus der Wahrscheinlichkeit für das Verbundereignis «positives Testergebnis nebst Vorliegen von Krebs» und der Wahrscheinlichkeit für das Verbundereignis «positives Testergebnis nebst Nichtvorliegen von Krebs»: In Formelsprache:

$$P(+) = P(+\cap K) + P(+\cap \bar{K})$$

Und daraus ergibt sich mit unserem Wissen über bedingte Wahrscheinlichkeiten:

$$P(+) = P(+/K) \times P(K) + P(+/\bar{K}) \times P(\bar{K})$$

Damit liegen alle benötigten Informationen für eine Anwendung des Bayes-Theorems vor. Dem Höhepunkt entgegensteuernd rechnen wir.

Erstens:

$$P(K/+) = \frac{P(+/K) \times P(K)}{P(+)} = \frac{P(+/K) \times P(K)}{P(+/K) \times P(K) + P(+/\bar{K}) \times P(\bar{K})}$$

Also:

$$P(K/+) = \frac{0{,}80 \times 0{,}01}{0{,}80 \times 0{,}01 + 0{,}20 \times 0{,}99} = 0{,}039$$

Zweitens:

$$P(\bar{K}/-) = \frac{P(-/\bar{K}) \times P(\bar{K})}{P(-)} = \frac{P(-/\bar{K}) \times P(\bar{K})}{P(-/K) \times P(K) + P(-/\bar{K}) \times P(\bar{K})}$$

Also:

$$P(\bar{K}/-) = \frac{0{,}80 \times 0{,}99}{0{,}20 \times 0{,}01 + 0{,}80 \times 0{,}99} = 0{,}997$$

Ein positives PSA-Ergebnis steigert also bei einem 60-jährigen Mann die ursprünglich zu veranschlagende Wahrscheinlichkeit von 1 % für Prostatakrebs (das ist die sogenannte *A-priori*-Wahrscheinlichkeit) auf nur 3,9 %. Das ist die sogenannte *A-posteriori-*Wahrscheinlichkeit. Das Bayes-Theorem nimmt in der beschriebenen Weise eine Aktualisierung der Krebswahrscheinlichkeit unter Berücksichtigung der neu hinzukommenden Information vor (eben eines positiven Testresultats). Das Bayes-Theorem ist also in dieser Sichtweise eine Methode der Neuberechnung von Wahrscheinlichkeiten durch Einarbeitung neuer Fakten und Gegebenheiten.

Das erhaltene Ergebnis ist außerordentlich überraschend. Selbst bei positivem Krebstest ist die Wahrscheinlichkeit für Krebs nur 3,9 %. Es ist also immer noch hochwahrscheinlich, keinen Krebs zu haben. Dieser niedrige Prozentsatz liegt fernab vom Bereich des Erwarteten. Warum ist dieser Wert so niedrig? Wie lässt er sich plausibel machen?

Wenn der PSA-Test positiv ausfällt, kann einer von zwei Fällen vorliegen. Erstens: Der Getestete leidet tatsächlich an Krebs (Wahrscheinlichkeit 0,01) und das Testergebnis teilt dies korrekt mit (bedingte Wahrscheinlichkeit 0,80). Zweitens: Der Getestete leidet nicht an Krebs (Wahrscheinlichkeit 0,99) und der Test macht einen Fehler (bedingte Wahrscheinlichkeit 0,20). Da es nun aber 20-mal wahrscheinlicher ist, dass der Test einen Fehler begeht, als dass beim Untersuchten tatsächlich Krebs vorliegt, ist der zweite Fall gegenüber dem ersten erheblich wahrscheinlicher. *Ein positives Testergebnis geht mit größerer Wahrscheinlichkeit auf einen Testfehler zurück, als dass es auf Krebs hinweist.*

Der gedankliche Fehlschluss, der in diesen und ähnlichen Situationen sehr verbreitet ist, besteht in der Aktualisierung der 1 % A-priori-Wahrscheinlichkeit auf falsche 80 % Krebswahrscheinlichkeit nach positivem Test. Letztlich basiert er auf einer Verwechslung zweier bedingter Wahrscheinlichkeiten: der gesuchten A-posteriori-Wahrscheinlichkeit mit der bekannten Zuverlässigkeitswahrscheinlichkeit des Testverfahrens. Es liegt deshalb ein Denkfehler vor, weil die Wahrscheinlichkeit, dass ein Mann mit Prostatakrebs ein positives Testresultat hat, nicht dieselbe ist wie die Wahrscheinlichkeit, dass ein Mann mit positivem Testresultat Prostatakrebs hat. Damit haben wir einen verbreiteten Denkfehler bei Wahrscheinlichkeiten lokalisiert und hoffentlich entschärft.

Wenn man diese scheinbar so harmlosen Rechnungen interpretiert, ist das Resultierende im Grunde ungeheuerlich. Es ist erstens ernst und zweitens zwingend nötig, sich dieses Effektes bewusst zu sein. Ein positiver Krebstest ist sicherlich ein existentiell erschütterndes Ereignis, ein definierender Moment für jeden Patienten. Doch die meisten der positiv auf Krebs getesteten Patienten leiden nicht an Krebs, sondern werden von einem fehlerhaften Test in die Irre geführt. Es tritt die Frage auf, wozu ein Krebstest dann überhaupt gut ist. Nun, bei negativem Testergebnis kann man so gut wie sicher sein, dass man nicht an Krebs leidet. Beim obigen PSA-Testverfahren ist man bei negativem Testergebnis mit einer Wahrscheinlichkeit von 0,997, also von 99,7 %, gesund. Bei positivem Testausgang hingegen sind angesichts des zuvor Gesagten in jedem Fall weitergehende Untersuchungen zur Verifikation oder Falsifikation des Testbefundes nötig.

Das Skizzierte ist alles andere als kleinformatig und mehr als nur eine kleine Vorstudie zu einer allgemeinen Testtheorie medizinischer Testverfahren. Ähnliches gilt mit entsprechender Anpassung der Zahlenwerte an die konkreten Gegebenheiten prinzipiell für jede medizinische Testsituation auf eine seltene Krankheit. Ein anderes Beispiel ist Trisomie-21, eine genetische Anomalie, deren Träger das Chromosom Nr. 21 dreifach besitzen. Diese auch als Down-Syndrom bezeichnete genetische Ausprägung kann durch eine Fruchtwasseruntersuchung im Mutterleib festgestellt werden. Es ist ein diagnostisches Verfahren mit hoher Zuverlässigkeit. Das Untersuchungsergebnis ist positiv in 99 % aller Fälle, in denen das Down-Syndrom vorliegt. Ebenso ist in 99 % aller Fälle, in denen der Fötus nicht vom Syndrom betroffen ist, das Ergebnis richtigerweise negativ. Die Häufigkeit des Auftretens des Down-Syndroms hängt stark vom Alter der Mutter ab: In der Altersklasse der 25-jährigen Mütter ist nach Hook et al. (1983) lediglich einer von 1250 Föten hiervon betroffen. Mit analoger Rechnung wie beim PSA-Test überzeugt man sich leicht, dass selbst bei einem positiven Befund der Fruchtwasseruntersuchung der Fötus nur mit Wahrscheinlichkeit 7 % das Down-Syndrom aufweist. Man kann davon ausgehen, dass viele aufgrund von Fruchtwasseruntersuchungen wegen vermeintlichen Down-Syndroms abgetriebene Föten gesund waren. Der beschriebene Effekt kann als Tragödie zu Buche schlagen.

Das hier in Aktion gezeigte Bayes-Theorem ist ein gewaltiges Erkenntniswerkzeug für Fragen der Wahrscheinlichkeitslogik und ungemein weitreichend anwendbar. Die Umkehrung der Schlussrichtung, die es vorzunehmen erlaubt, ist oft ausgesprochen nützlich, da die umgekehrten bedingten Wahrscheinlichkeiten in der Praxis bisweilen viel leichter zugänglich sind als die letztlich interessierenden Wahrscheinlichkeiten. Auch sind sie meist weit weniger subjektiv, als unbedingte Wahrscheinlichkeiten es sein können. Selbst zwei Menschen, die ganz unterschiedliche Meinungen über die unbedingten Wahrscheinlichkeiten von einem Ereignis E und einer Hypothese (oder Theorie) T haben und als Folge davon oft auch Meinungsverschiedenheiten darüber, in welcher Weise das Eintreten von E die Theorie T plausibler macht, können dennoch derselben oder zumindest ähnlicher Meinungen sein über die Wahrscheinlichkeit, mit der die Theorie T das Ereignis E nach sich zieht.

Um abschließend die Ausgangsfrage aufzugreifen – und damit den Kreis zu schließen –, ob und dann auch wie stark das Eintreten eines Ereignisses E die Theorie T stützt oder plausibler macht, vergleichen wir die Wahrscheinlichkeiten $P(T)$ und $P(T/E)$: die unbedingte Wahrscheinlichkeit oder Plausibilität, dass die Theorie T wahr ist, mit der bedingten Wahrscheinlichkeit, dass die Theorie T wahr ist, gegeben, dass das Ereignis E eingetreten ist. Das Bayes'sche Theorem teilt uns mit, dass

$$P(T/E) = \frac{P(E/T) \times P(T)}{P(E)} \, .$$

Gilt nun die Implikation «Aus T folgt E», dann ist $P(E/T) = 1$ und somit

$$P(T/E) = \frac{P(T)}{P(E)} \geq P(T).$$

Mit anderen Worten und in summa: Das Eintreten des Ereignisses E erhöht die Plausibilität der Theorie T von $P(T)$ auf $P(T)/P(E)$. Insbesondere dann, wenn E ein seltenes Ereignis mit kleiner Wahrscheinlichkeit $P(E)$ ist, liefert das Eintreten von E starke Unterstützung für die Theorie T.

Man ahnt, dass das Theorem von Bayes viele, weit ins Philosophische reichende Aspekte hat. Diesen sind wir hier weitgehend ausgewichen. Es soll reichen, davon Erwähnung gemacht zu haben.

4. Wenn A besser als B, B besser als C und trotzdem C besser als A ist

Merkwürdige Rangfolgen

Die Dinge dieser Welt können in vielfältigen Beziehungen zueinander stehen. Manche dieser Beziehungen sind transitiv, andere sind es nicht. Man sagt, eine Beziehung zwischen zwei Personen, Objekten, Funktionen ist transitiv, sofern immer, wenn x in Beziehung mit y und y in Beziehung mit z steht, dann auch x in Beziehung mit z steht. Ein elementares Beispiel liefert die Beziehung «ist größer als». Ist Ali größer als Bert und Bert größer als Curt, dann ist Ali auch größer als Curt.

Auch ein Gegenbeispiel ist schnell zur Hand: Aus «Ali findet Bert sympathisch» und «Bert findet Curt sympathisch» folgt nicht, dass Ali auch Curt sympathisch findet.

Dass dieser neue Begriff es durchaus in sich hat, wird an einem weiteren Beispiel augenfällig. Angenommen, Männer haben die drei Eigenschaften attraktiv, nett, reich oder auch eben alles dies nicht. Ein Mann werde als «begehrenswerter» als ein anderer angesehen, wenn er bei mindestens zwei dieser Eigenschaften dem anderen überlegen ist. Wie ist es bei Ali, Bert und Curt? Ali ist unattraktiv, mittelreich, nett. Bert ist attraktiv, arm, mittelnett. Curt ist mittelattraktiv, reich, unnett. Dann ist Ali begehrenswerter als Bert, Bert ist seinerseits begehrenswerter als Curt, aber Curt ist wiederum begehrenswerter als Ali. Wie kann das sein? Wo soll das hinführen? Ist die Wahrheit etwa gekrümmt?

Snapshots

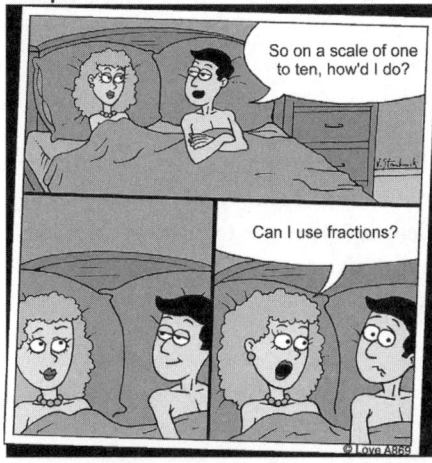

Abbildung 19: «Wie war ich auf einer Skala von 1 bis 10?» – «Kann ich Bruchteile benutzen?» Cartoon von Jason Love.

Die betreffende Beziehung ist nichttransitiv. Aber sie ist nichttransitiv in einem recht eigensinnigen Sinn, den man als *antitransitiv* bezeichnet. Diese Art der Beziehung führt dazu, dass es unmöglich ist, eine Rangfolge der drei Herren zu erstellen, obwohl alle miteinander vergleichbar sind. Für jeden der drei Herren gibt es kurioserweise einen, der begehrenswerter ist als er.

Manchmal ist es nicht ganz so leicht wie hier zu entscheiden, ob eine Beziehung zwischen Dingen transitiv oder nichttransitiv ist. Als Transitivitäts-Paradoxa werden solche Beziehungen oder Situationen bezeichnet, die bei flüchtiger und intuitiver Betrachtung transitiv erscheinen, sich aber bei genauerer Analyse als intransitiv herausstellen, bisweilen als antitransitiv.

Eines der ältesten Transitivitätsparadoxa ist ein nach Marie Jean Antoine Nicolas Caritat, dem Marquis de Condorcet,[12] benanntes Wahlparadoxon. Es kann bei den sogenannten *Condorcet-Methoden* des Wählens auftreten. Dabei ordnen die Wähler die ihnen zur Auswahl gestellten Optionen (z. B. Kandidaten für

Wahlämter) jeder für sich nach Rang. Anschließend werden aus diesen individuellen Präferenzlisten Zweikämpfe zwischen den Optionen simuliert. Es kann dann passieren, dass eine Mehrheit die Option A gegenüber einer Option B bevorzugt und gleichzeitig eine Mehrheit die Option B gegenüber einer Option C bevorzugt und – paradoxerweise – auch eine Mehrheit die Option C gegenüber der Option A bevorzugt. Das wollen wir an einem überschaubaren Beispiel demonstrieren.

Angenommen, es gibt die drei Optionen A, B, C. Diese werden dem Wahlvolk zur Abstimmung vorgelegt und die Wähler erstellen jeweils ihre persönlichen Präferenzlisten. Das Wahlergebnis sei in Tabelle 12 zusammengefasst:

Anteil	Präferenzliste
1/3	A > B > C
1/3	B > C > A
1/3	C > A > B

Tabelle 12: Stimmenanteile der verschiedenen Präferenzlisten

Diese Tabelle ist fast selbsterklärend. Die erste Zeile besagt: Ein Drittel der Wähler bevorzugt die Option A vor der Option B und bevorzugt außerdem die Option B vor der Option C. Diese Wähler haben also für die Rangliste ABC votiert. Entsprechendes gilt für die Deutung der anderen beiden Zeilen.

Zum Beispiel Geometrie

Die Borromäischen Ringe sind ein geometrisches Antitransitivitätsphänomen:

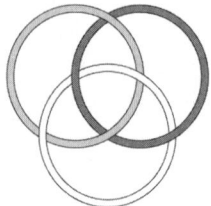

Abbildung 20: Borromäische Ringe ➤➤

> Es sind drei biegsame, nicht ebene Ringe *Weiß*, *Grau*, *Schwarz*, von denen Weiß über Grau liegt, Grau über Schwarz liegt, Schwarz über Weiß liegt ... Löst man einen der Ringe heraus, sind die anderen unverschlungen und fallen auseinander. Aus diesem Grund werden die Ringe in vielen Bereichen als Symbol für Stärke durch Einheit verwendet. Der Name geht auf das italienische Adelsgeschlecht der Borromäer zurück, das diese Ringe im Familienwappen trug.
>
> Ein Nachtrag von diesseits der Denkschärfe: Der Philosoph Martin Heidegger hat in seinem Vortrag *Das Ding* über Ringe Folgendes gesagt: «Aus dem Spiegel-Spiel des Gerings des Ringes ereignet sich das Dingen des Dinges.» Was kann man mit dieser Art von Sprache nicht alles über Borromäische Ringe sagen?

Aus diesen Präferenzlisten und Anteilen kann man folgern, dass nach Zeile 1 und Zeile 3 der Tabelle eine Mehrheit von zwei Dritteln aller Wähler die Option A gegenüber der Option B bevorzugt. Ebenfalls zwei Drittel der Wähler bevorzugen Option B gegenüber Option C (Zeilen 1 und 2 der Tabelle). Nun ist man geneigt, instinktiv anzunehmen, dass als Folge der beiden vorstehenden Tatsachen auch eine Mehrheit der Wähler die Option A gegenüber der Option C bevorzugt. Doch gerade das Gegenteil ist der Fall: Zwei Drittel der Wähler favorisieren Option C gegenüber Option A. Also haben wir abermals einen Antitransitivitätseffekt.

Das Kuriosum an dieser speziellen Nichttransitivitätsbeziehung ist, dass der Wahlleiter durch Festlegung einer geeigneten Reihenfolge bei den Stichwahlen jeder der drei Optionen zum Wahlsieg verhelfen kann. Um etwa A zum Wahlsieg zu verhelfen, muss der Wahlleiter dazu nur folgendermaßen vorgehen: In einer ersten angesetzten Stichwahl zwischen B und C gewinnt B. In einer zweiten Stichwahl von A gegen B gewinnt A und ist damit Gesamtsieger.

Hätte A allerdings in einer ersten Stichwahl gegen C antreten müssen, dann hätte C hier die Oberhand gehabt. In anschließender Stichwahl zwischen B und C gewönne hingegen B und wäre somit Gesamtsieger. Um C zum Gesamtsieger zu küren, muss die erste Stichwahl zwischen A und B ausgetragen werden mit A als Sieger. Anschließend führt die Stichwahl zwischen A und C zum Sieg von C.

Man kann konstatieren, dass die individuelle Transitivität in der Beurteilung der Optionen, die jeder Wähler hat (Wähler 1 bevorzugt z. B. A gegenüber B und B gegenüber C und somit auch A gegenüber C), sich global nicht vererbt auf das Verhalten von Wähleranteilen. Anteile verhalten sich bisweilen hinsichtlich Transitivität anders als Individuen.

Das Condorcet-Paradoxon tritt in derselben Form auch bei einem bekannten Knobelspiel auf, das je nach Gegend als *Ching-Chang-Chong, Schnick-Schnack-Schnuck* oder *Schere-Stein-Papier* bezeichnet wird. Es gibt wohl niemanden, der es in jüngeren Jahren nicht schon einmal zur Lösung eines Konflikts eingesetzt hätte. Schere schneidet Papier, Papier umhüllt Stein, Stein schleift Schere gibt die Dominanzbeziehungen wieder. Auch hier tritt ein Antitransitivitätseffekt zutage.

Transitivitätskurzschluss

Die meisten Berliner sind Deutsche.
Die meisten Deutschen leben nicht in Berlin.
Ergo: Die meisten Berliner leben nicht in Berlin.

Das Condorcet-Paradoxon widerspricht unserem Empfinden, wie Wahlen ablaufen und welcher Art Ergebnisse sie liefern sollten. Wahlsysteme sollten so funktionieren, dass der Wählerwille zu Transitivitätsbeziehungen bei Gewählten und Nichtgewählten führt. Auch der amerikanische Ökonom und Nobelpreisträger Kenneth J. Arrow (geb. 1921) hat Mitte des 20. Jahrhunderts bei seinen Studien zu Wahlsystemen dem Transitivitätsprinzip eine wichtige Rolle eingeräumt. Mit seinem Unmöglichkeitstheorem hat er aber bewiesen, dass es generell kein Wahlsystem geben kann, dass einer Reihe von einfachen und wünschenswerten Bedingungen genügt, wenn eine davon die geforderte Transitivität der Rangordnung der Kandidaten im Wahlergebnis ist.

Wir werden auf dieses harmlos daherkommende Statement in Kapitel 10 genauer eingehen. Es birgt demokratietheoretischen Zündstoff.

Unser nächstes Beispiel zeigt gegenüber dem vorhergehenden noch einen weiteren Aspekt, der bei Nichttransitivität eintreten kann. Wir betten ihn exemplarisch in ein Turnierszenario ein: Insgesamt 9 Tennisspieler 1, 2, 3, ..., 9 formieren sich auf folgende Weise zu 3 Teams A, B, C:

Team	Spieler
A	9, 4, 2
B	8, 6, 1
C	7, 5, 3

Nehmen wir zusätzlich an, die Spieler seien nach Spielstärke fortlaufend durchnummeriert: Spieler 9 ist der stärkste und 1 der schwächste Spieler. Nun tritt jeder Spieler eines jeden Teams gegen jeden Spieler aus den beiden anderen Teams an. Insgesamt besteht dieses Turnier aus 27 Begegnungen. Nehmen wir im Übrigen noch an, dass die Matches überraschungsfrei verlaufen in dem Sinn, dass bei jeder Begegnung der bessere Spieler auch gewinnt. Wenn der Staub sich gelegt hat, liegen die folgenden Mannschaftsergebnisse vor:

Team A gewinnt gegen B mit 5:4
Team B gewinnt gegen C mit 5:4
Team C gewinnt gegen A mit 5:4

Die individuellen Spielerstärken sind nach den getroffenen Annahmen transitiv: 9 siegt gegen 7 und 7 siegt gegen 3. Und: 9 siegt auch gegen 3. Diese Transitivität der Individualspielstärke vererbt sich allerdings nicht auf die Mannschaftsspielstärke. Diese aus Individualspielstärken in spezieller Weise kombinierte Größe verhält sich seltsamerweise antitransitiv.

In unserem dritten Beispiel befassen wir uns mit nichttransitiven Würfeln, die nach ihrem Erstentdecker, dem US-amerikanischen Statistiker Bradley Efron, als *Efron'sche Würfel* bezeichnet werden. Das sind in der Urversion vier Würfel A, B, C, D, deren Seiten wie in Abbildung 21 markiert sind.

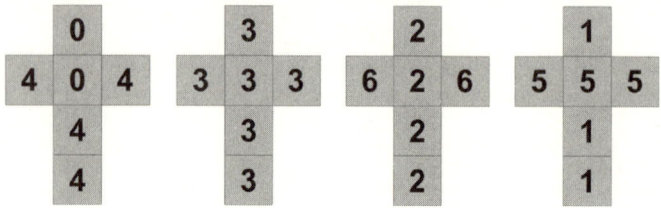

Abbildung 21: Die Efron'schen Würfel A, B, C, D und ihre Augenzahlen

Man kann die Würfel in Wettkämpfen gegeneinander antreten lassen: Bei einem Spiel zweier Spieler wählt ein Spieler einen der vier Würfel aus, anschließend wählt sein Gegenspieler von den verbleibenden Würfeln ebenfalls einen aus. Dann werden beide Würfel geworfen. Wer die höhere Zahl würfelt, gewinnt. An sich kein weltbewegendes Spiel; das mathematisch Faszinierende an diesem Spiel besteht jedoch darin, dass ganz gleich, welcher Würfel zuerst gewählt wird, der Gegenspieler eine Wahlmöglichkeit hat, die ihm eine Gewinnchance von 2/3 garantiert. Der Spieler mit der zweiten Wahl ist also in der besseren Situation. Und das wiederum geht nur aufgrund globaler Nichttransitivitätseigenschaften unter den Würfeln. Diese wollen wir nun erkunden.

Wenn Spieler 1 Würfel A wählt, dann wählt Spieler 2 optimalerweise Würfel D. Eine Analyse lässt sich am einfachsten mit Hilfe von Baumdiagrammen vornehmen.

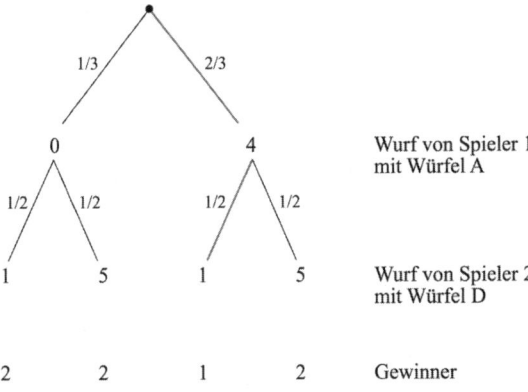

Abbildung 22: Analyse des Duells von Würfel A gegen Würfel D

Spieler 1 kann nur gewinnen, wenn er selbst eine 4 würfelt und Spieler 2 dann lediglich eine 1 würfelt. Bei Inspektion des Pfades für dieses Ereignis im Baumdiagramm wird sinnfällig: Spieler 1 gewinnt mit der Wahrscheinlichkeit $2/3 \times 1/2 = 1/3$ und Spieler 2 gewinnt mit der Restwahrscheinlichkeit $1 - 1/3 = 2/3$.

Versucht es Spieler 1 dagegen mit Würfel D, so sollte Spieler 2 zu Würfel C greifen.

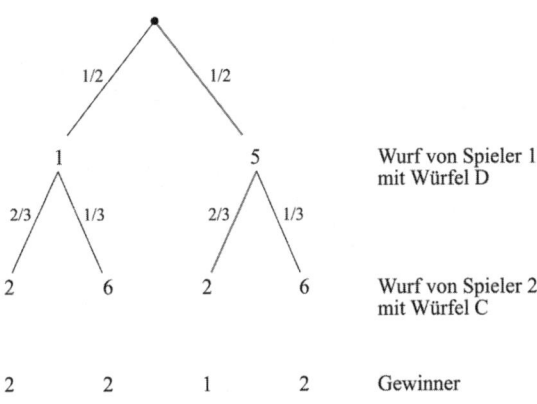

Abbildung 23: Analyse des Duells von Würfel D gegen Würfel C

Hier gewinnt Spieler 1 nur, falls er eine 5 würfelt und Spieler 2 eine 2 bekommt. Wiederum behält Spieler 2 mit der Wahrscheinlichkeit $1 - 1/2 \times 2/3 = 2/3$ die Oberhand.

Wählt Spieler 1 selbst Würfel C, so ist Würfel B optimal für Spieler 2.

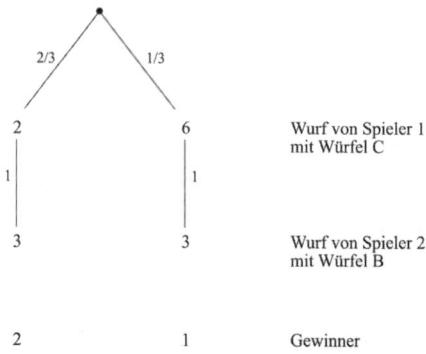

Abbildung 24: Analyse des Duells von Würfel C gegen Würfel B

Abermals ist Spieler 2 mit Wahrscheinlichkeit $2/3 \times 1 = 2/3$ siegreich.

Was aber, wenn Spieler 1 Würfel B wählt? Kann Spieler 2 auch dann noch kontern? Gibt es einen Würfel, der B dominiert?

Ja! Es ist, wer hätte das gedacht, Würfel A! Und so schließt sich der Kreis.

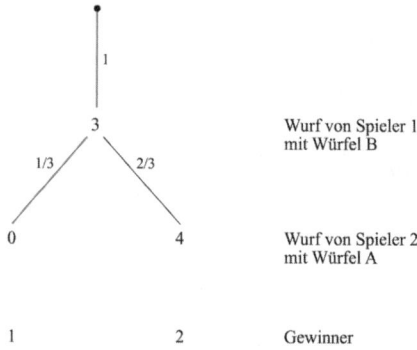

Abbildung 25: Analyse des Duells von Würfel B gegen Würfel A

Auch in diesem Fall besitzt Spieler 2 die Gewinnwahrscheinlichkeit 1 × 2/3 = 2/3.

Als Ergebnis unserer Analyse kann fixiert werden: Reihum
dominiert der folgende Würfel stets den vorhergehenden in der
Abfolge ADCBA...

Das muss man intellektuell erst einmal verarbeiten: Wer die
erste Waffenwahl beim Duell hat, ist im Nachteil. Und das ist bei
Weitem noch nicht das Ende aller Überraschungseffekte. Erkenntnistheoretisch wird hier nicht gerade im Schonwaschgang
geschleudert.

Nehmen wir unser Thema also erneut und in einer Manier
auf, die einen weiteren verblüffenden Dreh zutage fördert. Die
Situation ist jetzt insofern übersichtlicher, als nur drei statt vier
Würfel zum Einsatz kommen. Ihre Seiten seien wie folgt be-
schriftet:

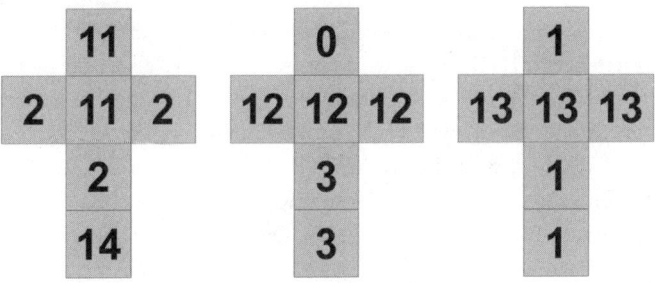

Abbildung 26: Drei Würfel A, B, C und ihre Augenzahlen

Die Würfel treten wieder gegeneinander an. Wirft man A und C,
gibt es 36 mögliche Kombinationen der Würfelseiten. Von diesen
36 Fällen zeigt Würfel A 21-mal die größere Augenzahl. Das sind
58,3 %. Würfel A dominiert also Würfel C. Wir notieren dies symbolisch als

$$A \xrightarrow{ 58,3\,\% } C$$

Mit derselben Überlegung ergeben sich auch die übrigen Dominanzbeziehungen.

$$C \xrightarrow{ 58,3\,\% } B$$

$$B \xrightarrow{ 58,3\,\% } A$$

Auch hier besteht ein Antitransitivitätseffekt, diesmal in der Form:

$$A \xrightarrow{} C \xrightarrow{} B \xrightarrow{} A$$

Wieder ist der Spieler, der die zweite Wahl des Würfels hat, gegenüber dem Erstwähler im Vorteil. So weit ist die Szenerie uns bereits vertraut und das Beispiel bietet bisher noch keinen neuen Aspekt. Doch dieser folgt sogleich: Wir wollen jetzt jeden Würfel zweimal werfen und die Summen der geworfenen Augenzahlen bilden. Wir lassen also die Würfel mit ihren Augensummen bei zweimaligem Werfen gegeneinander antreten.

Jetzt ist die Analyse des Abzählens aller Möglichkeiten viel aufwendiger und komplizierter. Es gibt hier $36 \times 36 = 1296$ Kombinationsmöglichkeiten der Seiten. Tritt A gegen B an, so gewinnt A in 675 und B in nur 621 dieser Fälle. Das sind 52,1 % zugunsten von A. Überraschenderweise dominiert also nun nicht mehr Würfel B in der Auseinandersetzung mit Würfel A, wie es bei einmaligem Werfen noch war, sondern es verhält sich genau umgekehrt. Und das ist kein Einzelfall. Bei zweimaligem Würfelwerfen erleben wir generell eine frappierende Umkehrung aller bisherigen Dominanzbeziehungen. Das bezeichnen wir jetzt so:

$$2A \xrightarrow{ 52,1\,\% } 2B$$

Die weiteren Ergebnisse sind

$$2B \xrightarrow{ 53,5\,\% } 2C$$

$$2C \xrightarrow{ 53,5\,\% } 2A$$

Da sich alle Dominanzbeziehungen gedreht haben, bleibt die Nichttransitivitätsrelation erhalten, nunmehr in der Form:

$$2A \xrightarrow{} 2B \xrightarrow{} 2C \xrightarrow{} 2A$$

Wie kann man sich schnell von der Richtigkeit unserer Analyse überzeugen, ohne sich mit der zeitraubenden Auflistung und Abzählung aller 1296 Einzelfälle zu plagen? Denn das ist nervtötender, als den Müll in 17 Behälter zu trennen. Nun lässt sich das Hindernis zum Ziel zum Glück aber auch müheloser überwinden.

Eine Aufgabe lösen heißt ...

... einen Ausweg aus einer Schwierigkeit finden, einen Weg um ein Hindernis herum entdecken, ein Ziel erreichen, das nicht unmittelbar erreichbar war. Das Lösen von Aufgaben ist die spezifische Leistung der Intelligenz, und Intelligenz ist die spezifische menschliche Gabe: Das Lösen von Aufgaben kann unter allen Tätigkeiten des Menschen als diejenige angesehen werden, die für ihn am charakteristischsten ist.

George Polya, Vom Lösen mathematischer Aufgaben

Wir stellen eine überaus geistreiche Methode vor, die es erlaubt, Dominanzbeziehungen zwischen Würfeln schnell zu analysieren, auch bei zweimaligem und mehrmaligem Werfen. Es ist eine Methode des Zählens, ohne tatsächlich zu zählen. Das hört sich mysteriös an? Dann enträtseln wir das Mysterium gemeinsam.

Alles auf Anfang. Wir beginnen mit der Darstellung der Methode bei nur einmaligem Würfeln. Der Würfel A hat Seiten mit Augenzahlen 2, 2, 2, 11, 11, 14. Der Kunstgriff besteht darin, diese Tatsache zu repräsentieren als die Funktion

$$A(x) = x^2 + x^2 + x^2 + x^{11} + x^{11} + x^{14} = 3x^2 + 2x^{11} + x^{14}.$$

Das ist die Primärformel zur Bearbeitung all unser Schwierigkeiten auf diesem Sektor. Die Augenzahlen gehen also in die Hochzahl der Variablen x ein. Und eine jede Seite des Würfels mit Augenzahl k liefert uns einen Ausdruck x^k. Entsprechend werden den Würfeln B und C die Funktionen

$$B(x) = 1 + 2x^3 + 3x^{12}$$
$$C(x) = 3x + 3x^{13}$$

zugeordnet. Aus diesen Funktionen lassen sich dann alle Fälle (von 36 möglichen) ermitteln, in denen ein Würfel gegen einen anderen bei einmaligem Werfen gewinnt. Lassen wir also die

Würfel A und B gegeneinander antreten. Der initiale Erkenntnis-pollen ist nun dieser: Der Ausdruck x^{14} in der Funktion $A(x)$ «schlägt» alle 6 Terme (die drei x^{12}-Terme und die zwei x^3-Terme und den Term 1) von $B(x)$ in einem auf der Hand liegenden Verständnis von diesem Begriff. Von den zwei Termen x^{11} in $A(x)$ «gewinnt» jeder 3-mal gegen die Terme von $B(x)$ und von den drei Termen x^2 in $A(x)$ «gewinnt» jeder einmal, und zwar nur gegen den konstanten Term 1 von $B(x)$. Das sind insgesamt $1 \times 6 + 2 \times 3 + 3 \times 1 = 15$ Fälle, in denen die Funktion $A(x)$ gegen $B(x)$ und entsprechend Würfel A gegen B gewinnt. Auf dieselbe Weise und zur Kontrolle ermittelt man

$$3 \times 5 + 2 \times 3 = 21$$

Fälle, in denen Würfel B gegen A gewinnt.

Deep play. Das war noch keine große Erleichterung gegenüber dem bodenständigen Verfahren des einfachen, buchhalterischen Abzählens. Eine beachtliche Erleichterung durch unseren jetzigen Funktionenansatz stellt sich aber bei je zweimaligem Würfelwerfen ein. Erst hier läuft er zu großer Form auf. In dieser Situation müssen wir, um die Analogie zwischen Funktionstermen und Gewinnfällen herzustellen – und das ist der zentrale Einblick –, mit den Produkten der Funktionen mit sich selbst arbeiten, also mit $A(x) \times A(x)$, $B(x) \times B(x)$, $C(x) \times C(x)$. Denn dann spiegeln die Hochzahlen der Variablen x genau die möglichen Summenwerte der Augenzahlen bei zweimaligem Werfen wider. Dann addieren sich die Faktoren vor dem x zu 36 und repräsentieren die Häufigkeiten, anders gesagt, wie oft unter den 36 Möglichkeiten die jeweiligen Summenwerte auftreten. Man sehe selbst:

$$A(x) \times A(x) = (3x^2 + 2x^{11} + x^{14})^2 = 9x^4 + 12x^{13} + 6x^{16} + 4x^{22} + 4x^{25} + x^{28}$$

$$B(x) \times B(x) = (1 + 2x^3 + 3x^{12})^2 = 1 + 4x^3 + 4x^6 + 6x^{12} + 12x^{15} + 9x^{24}$$

$$C(x) \times C(x) = (3x + 3x^{13})^2 = 9x^2 + 18x^{14} + 9x^{26}$$

Rein formal betrachtet ist für Würfel A zweimaliges Werfen nebst Summenbildung der Augenzahlen dasselbe, wie einmal mit einem 36-seitigen Würfel zu werfen, bei dem 9 Seiten die Augenzahl 4 haben, 12 Seiten die Augenzahl 13, 6 Seiten die Augenzahl 16, 4 Seiten die Augenzahl 22, 4 Seiten die Augenzahl 25 und eine Seite die Augenzahl 28. Das zeigt eine Überlegung, wird aber viel einfacher bei Inspektion der Funktion $A(x) \times A(x)$ ersichtlich.

Großartig, oder? Ein wunderbares Kreativprodukt, basierend auf nicht nur einem Geistesblitz und irgendwann einmal von jemandem unter großem intellektuellen Aufwand generiert.

Bleiben wir aber dicht am Stoff. Nachdem Sie ihn bis hierher verstanden haben, dürfte der Rest ein Picknick in Piräus sein. Eine Abzählung der Gewinnfälle für Würfel A gegen B bei zweimaligem Werfen ergibt sich aus obigen Funktionen mit der bei einmaligem Werfen bereits verwendeten Einsicht. Es sind

$$1 \times 36 + 4 \times 36 + 4 \times 27 + 6 \times 27 + 12 \times 15 + 9 \times 5 = 675$$

Gewinnfälle für A. Gewinnfälle für B gibt es

$$9 \times 31 + 12 \times 21 + 6 \times 9 + 4 \times 9 + 4 \times 0 + 1 \times 0 = 621.$$

Ein dreifaches Hoch auf Knappheit, Schläue und Präzision des Funktionenansatzes.

Wer hier mit Leidenschaft weiterdenken mag, könnte erkunden, was passiert, wenn die Würfel A, B, C mit ihren Augensummen bei dreimaligem Werfen gegeneinander antreten. Das sei hier nicht verraten. Warum Spannung und Nervenkitzel rauben?

Zu guter Letzt lenken wir unser Augenmerk auf ein possierliches Spielchen, mit dem Sie Ihren Lieblingsfeind um ein hübsches Sümmchen erleichtern können. Erfunden wurde es von Walter Penney und trägt zu seinen Ehren den Namen *Penney-ante*. Es ist ein Münzspiel für zwei Personen; alles, was man dazu braucht, ist eine symmetrische Münze. Spieler 1 wählt ein Tripel aus der Menge der 8 möglichen 3er-Kombinationen von Kopf (K) und Zahl (Z), nämlich: KKK, KKZ, KZK, KZZ, ZKK, ZKZ, ZZK,

ZZZ. Spieler 2 wählt dann irgendein anderes Tripel. Anschließend wird die Münze geworfen, bis erstmals einer der ausgesuch-
ten 3er-Blöcke erscheint. Wählt zum Beispiel Spieler 1 den Block
KKZ und Spieler 2 den Block KZK, dann gewinnt Spieler 1 etwa
im Fall der Münzwurfserie

ZKZZKZZK**KKZ**,

da sein auserkorener Block mit den letzten drei Münzwürfen zuerst aufgetreten ist.

Dieses Spiel sieht nach einer ziemlich fairen Angelegenheit
aus, oder? Es ist aber alles andere als fair. Bei genauer Untersuchung zeigt sich, dass ganz egal, welchen 3er-Block A der erste
Spieler gewählt hat, Spieler 2 immer einen Block B wählen kann,
der A mit mindestens einer Wahrscheinlichkeit von 2/3 schlägt.
Damit ist gemeint, dass es für jeden beliebigen 3er-Block einen
anderen 3er-Block gibt, der mit einer Wahrscheinlichkeit von
mindestens 2/3 in einer Serie von Münzwürfen vor dem erstgewählten 3er-Block auftritt. Zu einem gegebenen Block A lässt
sich ein ihn dominierender Block leicht so konstruieren, dass
man das Gegenteil der mittleren Position von Block A ganz
vorne anfügt (K statt Z und Z statt K) und die letzte Position von
Block A streicht. Ein Beispiel mag nützlich sein: Wenn Block A
etwa KKZ ist, dann wählt Spieler 2 den Block ZKK. Wählt Spieler 1 den Block KZK, dann wählt Spieler 2 den Block KKZ.

Um das Prinzip der Analyse dieses Spiels zu verdeutlichen, ermitteln wir einmal die Wahrscheinlichkeit, dass KZZ gegen KKZ
gewinnt. Die Wahrscheinlichkeit, dass KZZ zuerst erscheint, ist
das Mittel der Gewinnwahrscheinlichkeiten von KZZ, gebildet
über die 4 Möglichkeiten für die ersten beiden Münzwürfe. Um
eine nützliche Bezeichnung einzuführen, sei p(KK) die Wahrscheinlichkeit, dass KZZ das Rennen gewinnt, wenn die ersten
beiden Würfe der Münzwurfserie KK ausgehen. Geht nun der
dritte Wurf ebenfalls K aus, dann sind wir immer noch in derselben Situation wie zuvor: Keiner der beiden Spieler hat gewonnen
und die letzten beiden Würfe waren KK. Es ist weiterhin nur ein
Z zum Sieg von KKZ erforderlich.

Ist der dritte Wurf tatsächlich aber Z, dann hat KKZ gewonnen und die Gewinnwahrscheinlichkeit von KZZ fällt auf 0. Nun muss man, um $p(KK)$ zu errechnen, diese beiden Möglichkeiten für den dritten Wurf bzw. deren Wahrscheinlichkeiten gewichtet mitteln und erhält ohne viel Umschweife

$$p(KK) = 1/2p(KK) + 1/2 \times 0 = 1/2\,p(KK).$$

Entsprechend geht man vor, wenn die ersten beiden Würfe als KZ angenommen werden. Wenn dann der dritte Wurf K ist, hat noch kein Spieler gewonnen. Die letzten beiden Würfe waren ZK, und die Wahrscheinlichkeit, dass KZZ letztendlich gewinnt, beträgt von diesem Stadium aus gesehen deshalb $p(ZK)$. Falls dagegen der dritte Wurf Z ausgeht, bedeutet das den sofortigen Sieg von KZZ. Beide Befunde zusammen ergeben die Gewinnwahrscheinlichkeit für den Block KZZ nach der Anfangssequenz KZ als das Mittel

$$p(KZ) = 1/2p(ZK) + 1/2 \times 1 = 1/2p(ZK) + 1/2.$$

Auf analoge Art und Weise können zwei weitere Gleichungen erzeugt werden.

Insgesamt liegt dann dieses leicht verdauliche Gleichungssystem vor:

1. $p(KK) = 1/2\,p(KK)$
2. $p(KZ) = 1/2\,p(ZK) + 1/2$
3. $p(ZK) = 1/2\,p(KK) + 1/2\,p(KZ)$
4. $p(ZZ) = 1/2\,p(ZK) + 1/2\,p(ZZ)$

Aus diesen harmlosen Gleichungen bezieht man die gesuchten Wahrscheinlichkeiten schrittweise. Gleichung 1 liefert $p(KK) = 0$ ohne Umschweife. Dann wird Gleichung 3 zu $p(ZK) = 1/2\,p(KZ)$ und damit Gleichung 2 nach Einsetzen zu $p(KZ) = 1/4\,p(KZ) + 1/2$, woraus $p(KZ) = 2/3$ ablesbar ist. Im Anschluss daran ergibt Gleichung 3 kurzerhand $p(ZK) = 1/3$. Bei Verwendung von Gleichung 4, der $p(ZZ) = p(ZK)$ zu entnehmen ist, gewinnt man schließlich noch den Wert $p(ZZ) = 1/3$.

So gerüstet, stellt sich aus diesen vier Werten durch Mittelwertbildung die Wahrscheinlichkeit ein, dass KZZ vor KKZ erscheint:

$$1/4 \left(p(KK) + p(KZ) + p(ZK) + p(ZZ) \right) = 1/3$$

Damit haben wir das Nötige kapiert. Die gesamte Tabelle aller Zweikämpfe zwischen Blöcken erfordert nur noch eine enorme Fleißarbeit, aber kein zusätzliches intellektuelles Raffinement.

Block	KKK	KKZ	KZK	KZZ	ZKK	ZKZ	ZZK	ZZZ
KKK		1/2	2/5	2/5	1/8	5/12	3/10	1/2
KKZ	1/2		2/3	2/3	1/4	5/8	1/2	7/10
KZK	3/5	1/3		1/2	1/2	1/2	3/8	7/12
KZZ	3/5	1/3	1/2		1/2	1/2	3/4	7/8
ZKK	7/8	3/4	1/2	1/2		1/2	1/3	3/8
ZKZ	7/12	3/8	1/2	1/2	1/2		1/3	3/5
ZZK	7/10	1/2	5/8	1/4	2/3	2/3		1/2
ZZZ	1/2	3/10	5/12	1/8	2/5	2/5	1/2	

Tabelle 13: Auflistung der Wahrscheinlichkeiten, dass ein Block aus der ersten Spalte siegreich bleibt gegen einen Block aus der ersten Zeile. Der oben berechnete Eintrag, dass KZZ vor KKZ erscheint, ist grau markiert.

In dieser Tabelle ist die Antitransitivitätseigenschaft nicht gerade offensichtlich. Etwas Detektivarbeit fördert aber auch hier eine bemerkenswerte Schleife zutage: KKZ schlägt KZZ (mit Wahrscheinlichkeit 2/3), KZZ schlägt ZZK (mit Wahrscheinlichkeit 3/4), ZZK schlägt ZKK (mit Wahrscheinlichkeit 2/3), ZKK schlägt wiederum KKZ (mit Wahrscheinlichkeit 3/4).

Nur noch so viel. Es bleibt lediglich noch eine plausible Erklärung nachzuliefern für die Tatsache, dass nicht alle Wahrscheinlichkeiten in Tabelle 13 gleich 1/2 sind. Das war die gefühlte Antwort. Immerhin haben doch die beiden erwählten Blöcke dieselbe Länge. Ist es dann nicht reiner Zufall, ob der eine vor dem anderen oder der andere vor dem einen erscheint? Werden dann nicht beide mit derselben Wahrscheinlichkeit siegreich sein? Das ist die gängige und suggestive Ansicht, aber sie ist falsch.

Besonders instruktiv lässt sich das veranschaulichen, wenn man den Block KZZ gegen ZZZ antreten lässt. KZZ gewinnt diesen Wettstreit mit der beachtlich hohen Wahrscheinlichkeit 7/8. Das ist gleichzeitig die größte Wahrscheinlichkeit in Tabelle 13. Der Block ZZZ erfordert nämlich eine ungebrochene Kurzserie von drei aufeinanderfolgenden Zahlwürfen. Wenn etwas schiefgeht bei der Erzeugung dieser Sequenz, wenn also nur einmal oder nur zweimal hintereinander Z erscheint und dann ein K folgt, so befindet man sich nach diesem K sogleich in der Anfangsphase für den konkurrierenden Block KZZ.

Geht dagegen beim schrittweisen Aufbau des Blocks KZZ etwas schief, kommt also nach dem ersten K sofort wieder ein K oder nach dem Paar KZ als Nächstes ein K, so ist man gleich schon wieder in der Anfangsposition K für denselben Block. Dieses Phänomen ist ursächlich für die Asymmetrie bei den Gewinnwahrscheinlichkeiten, hier 7/8 gegen 1/8, für beide Blöcke. Es tritt auch beim Duell zwischen vielen anderen Blockpaaren auf, aber weit weniger ausgeprägt.

III. Absurdes beim Treffen von Entscheidungen

5. Wenn selbst die totale Abwesenheit von Information informativ ist

Vom Drei-Türen-Paradoxon bis zum Gefangenen-Problem

Drei Türen, zwei Ziegen, ein Auto. Marilyn vos Savant (geb. 1946) ist der Mensch mit dem höchsten je unter kontrollierten Bedingungen gemessenen Intelligenzquotienten auf unserem Planeten. Laut *Guinness-Buch der Rekorde* liegt er bei 228 Punkten. Sie arbeitet als Journalistin für die amerikanische Zeitschrift *Parade* und publiziert dort seit 1986 unter anderem die beliebte Frage-und-Antwort-Kolumne «Ask Marilyn». Irgendwann im Jahr 1990 stellte ein gewisser Craig Whitaker ihr folgende Frage:

Angenommen, Sie sind Kandidatin in einer Spielshow und Sie dürfen eine von drei Türen auswählen. Hinter einer Tür ist ein Auto, hinter den beiden anderen Türen jeweils eine Ziege. Sie wählen eine Tür, sagen wir Tür 1, und der Moderator, der genau weiß, was sich hinter welcher Tür befindet, öffnet eine andere Tür, sagen wir Tür 3, hinter der sich eine Ziege befindet. Er fragt Sie dann, ob Sie zu Tür 2 wechseln möchten. Ist es für Sie vorteilhaft, die Türen zu tauschen?

Diese Anfrage ist bekannt geworden unter dem Namen Ziegenproblem, Drei-Türen-Paradoxon oder Monty-Hall-Dilemma. Letzteres bezieht sich auf Monty Hall, den Moderator einer US-amerikanischen Fernsehshow, die ein ähnliches Format verwendete, um am Ende dem siegreichen Kandidaten seinen Gewinn zukommen zu lassen.

Abbildung 27: «Das hab ich schon mal gesehen. Sie haben das aus einer Fernsehshow!» Cartoon von Rex May.

"Hey, I've seen that before! — You got it from a *TV show!*"

Wir erwähnen zur Klarstellung, dass der Kandidat natürlich gerne das Auto gewinnen möchte und der Moderator sich stets so verhält, dass er eine Ziegentür öffnet. Und wenn der Moderator die Wahl zwischen zwei Ziegentüren hat, dann wählt er mit gleicher Wahrscheinlichkeit zwischen den beiden aus.

Schon viel wurde über dieses Problem geschrieben und selbst über das Geschriebene wurde so manches geschrieben. Es gibt mehrere plausibel erscheinende Denkzugänge zu diesem Problem. Drei verschiedene Verführungsversuche sollen erwähnt sein.

Erstens: Mit einer Wahrscheinlichkeit von 1/3 hat der Kandidat mit Tür 1 die Autotür gewählt, und mit der verbleibenden Wahrscheinlichkeit von 2/3 ist das Auto hinter einer der anderen beiden Türen. Wenn nun eine dieser beiden Türen durch anschließendes Öffnen als Autotür ausfällt, oben ist es Tür 3, so muss hinter der anderen Tür, also Tür 2, mit Wahrscheinlichkeit 2/3 das Auto stehen, da die gesamte Wahrscheinlichkeit von 2/3 nun allein für Tür 2 verbleibt. Somit erhöhe ich meine Gewinnwahrscheinlichkeit für das Auto von 1/3 auf 2/3, wenn ich von Tür 1 zu Tür 2 wechsele. Ein Wechsel beschert mir eine Verdoppelung der Gewinnwahrscheinlichkeit.

Zweitens: Wenn der Moderator eine Ziegentür öffnet, verbleiben 2 Türen, eine mit einer Ziege und eine mit einem Auto. Aus Symmetriegründen steigt für beide verbleibenden Türen die

Wahrscheinlichkeit, Autotür zu sein, auf 1/2. Deshalb kann man wechseln, muss es aber nicht. In beiden Fällen beträgt die Gewinnwahrscheinlichkeit 1/2.

Drittens: Unabhängig davon, welche Tür der Kandidat zuerst wählt, kann der Moderator immer eine Ziegentür öffnen. Somit wird durch das Öffnen einer Ziegentür seitens des Moderators dem Kandidaten keine Information zuteil. Deshalb bleibt auch die Gewinnwahrscheinlichkeit dieselbe, ob er wechselt oder nicht. Sie beträgt in beiden Fällen 1/3 für den Gewinn des Autos.

Drei einleuchtende, ja überzeugende Sinnbausteine sind das. Und alle passen scheinbar wie angegossen. Leider aber münden sie in verschiedene Lösungen. Eine Kalamität. Irgendwo ist uns die Logik verrutscht. Wie orientieren wir uns in diesem logischen Durcheinander? Triumphiert das Komplexitätsknäuel oder wir?

Sind Paradoxien die besseren Unterhalter? Zwar wurde noch keine Religion aus der Frage gemacht, ob man beim Ziegenproblem wechseln soll oder nicht, doch gibt es zwischen beiden Lagern einen handfesten Glaubenskrieg. Marilyn vos Savant hatte in ihrer Kolumne als Antwort auf Craig Whitaker die richtige, aber kontraintuitive Lösung dieses Problems veröffentlicht. Dann geschah Folgendes: Die Lösung löste eine heftige Kontroverse aus. Etwa zehntausend Zuschriften mit Kommentaren zum Lösungsweg gingen bei der Zeitschrift ein. Auch in anderen Medien stieß das Thema auf lawinenartig anschwellendes Interesse. Ich zitiere von Seite 1 der *New York Times* vom 21. Juli 1991: «Die Antwort, wonach der Mitspieler die Tür wechseln sollte, wurde in den Sitzungssälen der CIA und den Baracken der Golfkrieg-Piloten debattiert. Sie wurde von Mathematikern am Massachusetts Institute of Technology und von Programmierern am Los Alamos National Laboratory in New Mexico untersucht und in über tausend Schulklassen des Landes analysiert.»[13]

Weitaus die meisten Briefschreiber – darunter viele Mathematiker und andere Wissenschaftler – widersprachen der angegebenen Lösung, teils vehement. Mitunter gab es auch Häme und handfeste Beschimpfungen. «Unsere Mathematik-Fakultät gab ein herzhaftes Lachen[14] auf Ihre Kosten von sich», schrieb Mary Jane Still, Professorin am Palm Beach Junior College. Robert Sachs, Professor für Mathematik an der George-Mason-Universität in Fairfax, Virginia, drückte ebenfalls die vorherrschende Meinung der Zuschriften aus, dass es keinen Grund gebe, die Tür zu wechseln und fügte noch hinzu: «Als professioneller Mathematiker bin ich sehr besorgt über den Mangel an mathematischen Fähigkeiten in der Bevölkerung. Helfen Sie dem bitte ab, indem Sie Ihren Fehler eingestehen und in Zukunft sorgfältiger sind.» So und so ähnlich schrieben Leute ihre engagierten Briefe mit somnambuler Sicherheit.

Die Kritik hielt an, trotz weiterer Kolumnen von Frau vos Savant, in denen sie ihre Lösung verteidigte und weiter erläuterte. «Sie haben einfach unrecht», schrieb Ray Bobo, ein Mathematikprofessor von der Georgetown University in Washington. «Wie viele zornige Mathematiker sind nötig, um Sie davon zu überzeugen, Ihren Standpunkt zu ändern.» Ein aufgebrachter Leser äußerte gar, Frau vos Savant sei die eigentliche Ziege bei diesem Problem. Man muss offenbar kein Prophet sein, um nichts zu gelten im eigenen Lande. Manchmal reicht es schon aus, wenn man mit einer kontroversen mathematischen Lösung aus der Deckung kommt.

Jemand anderes kam dem Streitwert näher, indem er schrieb: «Wahrscheinlichkeiten sind tricky und verführerisch. Andernfalls wäre Las Vegas nichts weiter als irgendeine Stadt in der Wüste.» Dem jedenfalls kann man wohl zustimmen.

Autor-biographisches & Alp-traumatisches

Einer von meinen gelegentlichen Schreckensträumen: Ich sitze als Quizkandidat auf dem heißen Stuhl in der Fernsehshow «Wer wird Millionär?». Wir sind bei der 50-Euro-Frage. Es geht um Mathematik. Es ist irgendwas Elementares. Grundschulniveau. Und ... ich fasse daneben! Ausgeschieden.

Am nächsten Tag in meinem Fachbereich an der Uni Stuttgart erwartet mich ein Spalier grinsender Kollegen. Ich selbst frage mich, ob ich noch Mathematikvorlesungen halten sollte.

So denke ich, so bin ich. Jedenfalls bei meiner Traumarbeit.

Frau vos Savant wusste sich schließlich angesichts der massiven Kritik nicht anders zu helfen, als dass sie ihre Leser bat, das Problem selbst häufig durchzuspielen, um so festzustellen, welchen Zahlenwerten sich die Erfolgswahrscheinlichkeiten bei konsequentem Wechsel und bei konsequentem Beharren annähern.

Auch in der deutschen Öffentlichkeit wurde das Ziegenproblem ausgiebig diskutiert. Selbst *Die Zeit* und *Der Spiegel* machten in ihren Ausgaben vom 19. Juli bzw. 19. August 1991 auf die hitzige Auseinandersetzung in Amerika aufmerksam. Damit wurde in Deutschland ein ähnlich heftiger Disput entfacht. Auch bei uns gab es schlaflose Nächte, geplatzte Partys und streitende Eheleute. Der Journalist Gero von Randow, der den Artikel in der *Zeit* schrieb und später ein Buch über das Thema verfasste, machte ähnliche Erfahrungen wie Marilyn vos Savant. Er beschrieb das so: «Das ist vielleicht ein Gefühl, in Hunderten von Briefen als Spinner oder Dummkopf beschimpft zu werden! (...) Der verehrte Herr von Randow sei ‹wohl ins Sommerloch gestolpert›, jeder normal begabte Zwölftklässler könne schließlich begreifen, dass Frau Savants Rat ‹typische Laienfehler› enthalte, ‹haarsträubender Unsinn›, ‹Quatsch› und ‹Nonsense›, ‹absurd› und ‹abstrus› sei. Die alles dies zu Papier brachten, waren zum großen Teil Akademiker, einige mit einschlägiger Ausbildung in Statistik: Prof. Dr.-ing., Dr. sc. math., Dr. med., Dr. jur., usw. usf. Die schrieben auf Institutsbögen, legten seitenlange Beweise bei, es kam sogar Post aus den Niederlanden, aus Italien, aus Togo.»

Adorno ahoi

Wer denkt, ist nicht wütend.

Theodor W. Adorno

Vorurteile und Schlussurteile. Nach diesem ausgedehnten Vorspiel schauen wir uns die Auflösung dieses Gemütererregungsproblems an. Wenn der Moderator eine Ziegentür öffnet – und das kann er wie erwähnt immer –, so erfahren wir über die von uns vorher ausgewählte Tür tatsächlich nichts Neues. Die Wahrscheinlichkeit, dass wir mit unserer Wahl auf das Auto treffen, bleibt also die gleiche wie vor dem Öffnen der Ziegentür durch den Moderator, nämlich 1/3. Das ist die Erfolgswahrscheinlichkeit bei Beharren auf der ursprünglichen Wahl, ohne zu wechseln. Wenn wir dieses Spiel mit einem Freund sehr häufig durchexerzieren und stets nicht wechseln, so werden wir langfristig in einem Drittel aller Einzelfälle mit unserer Wahl auf das Auto treffen. Wenn Sie mögen, probieren Sie es aus.

Das Belangvolle ist nun, dass sich für die beiden anderen Türen die Erfolgswahrscheinlichkeiten sehr wohl ändern. Sofort ersichtlich ist das bei der vom Moderator geöffneten Ziegentür der Fall. Für diese Tür sinkt die Wahrscheinlichkeit, dass sie eine Autotür ist, natürlich sofort auf 0, denn sie zeigt ja offensichtlich kein Auto, sondern eine Ziege. Da aber mit Wahrscheinlichkeit 1 das Auto hinter irgendeiner der drei Türen steht und wir für die Türen 1 und 3 gerade eben die Gewinnwahrscheinlichkeiten 1/3 bzw. 0 ermittelt haben, verbleibt für Tür 2, nachdem der Moderator die Ziegentür 3 geöffnet hat, noch die Wahrscheinlichkeit

$$1 - 1/3 - 0 = 2/3.$$

Als Ergebnis können wir festhalten: Es ist tatsächlich günstiger, das Angebot des Moderators anzunehmen und die Tür zu wechseln. Damit verdoppelt man seine Chancen. Dieser eruptive Satz war auch die Antwort von Marilyn vos Savant. Und von Gero von Randow. Man könnte diese Antwort für einen Blindgänger halten, aber sie ist richtig. Sie ist aber auch schwer verdaulich. Selbst Köpfe, die Wissen schaffen, liegen hier bisweilen daneben.

Wir wollen mit zwei flankierenden Überlegungen versuchen, noch etwas klarer auszudrücken, warum die Wechselstrategie tatsächlich günstig ist.

Nehmen wir dazu einmal als Gedankenexperiment an, statt nur 3 Türen gäbe es 1 Million Türen. Eine davon führt zum Hauptgewinn und die anderen 999 999 verbergen jeweils eine Niete – eine Ziege, eine zerbeulte Zwiebel oder einen Zombie, jedenfalls was Uncooles mit Z. Der Kandidat wählt eine Tür und der Moderator öffnet 999 998 Türen mit Nieten und gibt ihm nun die Möglichkeit, die Tür zu wechseln. Nur zwei Türen sind noch verschlossen: die vom Kandidat gewählte Tür sowie eine weitere vom Moderator nicht geöffnete Tür. Ich gebe mich der Hoffnung hin, wohl jeder Kandidat werde nun sofort ein Angebot zu wechseln annehmen, obwohl auch hier durch das Öffnen der Nietentüren keine Information transportiert wird. Der Moderator kann *immer* 999 998 Türen mit Nieten öffnen. Für die anfangs gewählte Tür ändert sich nichts, auch nicht die Erfolgswahrscheinlichkeit von 1 zu 1 Million. Es ist also extrem unwahrscheinlich, mit der erstgewählten Tür erfolgreich zu sein. Mit der überwältigenden Wahrscheinlichkeit von 999 999/1 000 000 also von 0,999999 bzw. von 99,9999 Prozent befindet sich das Auto hinter der anderen noch ungeöffneten Tür. Analog ist es, wenn statt 1 Million nur 3 Türen vorhanden sind, lediglich die Zahlen sind anders: Statt 0,0001 Prozent und 99,9999 Prozent als Erfolgswahrscheinlichkeiten für die gewählte und die noch verschlossene Tür sind es nun 33,3 Prozent und 66,7 Prozent.

Hilft diese Überlegung weiter?

Ein anderer, mit noch größerer Sinnfälligkeit ausgestatteter Zugang zum Problem besteht in einer Bilanzierung, wann ich bei den miteinander konkurrierenden Strategien – Wechseln und Beharren – den Hauptgewinn einheimse. In dieser Version klingt vielleicht der stärkste und am meisten einleuchtende Beweis für einen Türwechsel an: Beim Beharren gewinne ich den Hauptgewinn nur *genau* dann, wenn ich mit meiner Wahl die Autotür treffe. Die Wahrscheinlichkeit dafür ist bei drei Türen natürlich 1/3. Bei der Wechselstrategie gewinne ich den Hauptgewinn aber *immer* dann, wenn ich mit meiner ersten Wahl eine der beiden – und zwar irgendeine – Ziegentür treffe. Die Wahrscheinlichkeit dafür liegt bei 2/3, denn es gibt zwei Ziegentüren. In diesem Fall ist nämlich der Moderator gezwungen, die je andere Ziegentür zu öffnen, und ich erreiche durch meinen Wechsel ebenso zwingend die Autotür. In dieser Sicht scheint mir die Lösung am besten freigelegt und am leichtesten begreiflich.

Das müsste doch eigentlich überzeugend sein. Und bleiben.[15] Flächendeckend ist die Überzeugungskraft der richtigen Lösung aber nicht, begegnet man doch immer wieder und oft noch der anderen Meinung.

Mathematik fürs Eheleben: Das Drei-Männer-Problem

Ein Kurzmärchen zum Drei-Türen-Problem: Es war einmal eine Mathematikerin, die heiratete einen ihrer drei Verehrer. Kurz danach stößt sie auf eine Studie, nach der nur jeder dritte Mann ein guter Ehemann ist. Durch Zufall heiratet ihre beste Freundin einen der beiden verschmähten Verehrer und erzählt der Mathematikerin später, dass sie Pech gehabt habe und dieser kein guter Ehemann sei. Daraufhin lässt sich die Mathematikerin direktemang scheiden und ehelicht flugs den dritten Freier.

Abbildung 28: Cartoon von Kitti Hawk.

Das Drei-Türen-Problem gibt es in verschiedenen Spielarten, einige sind völlig äquivalent, einige invers zueinander, andere beides nicht. Sie sind in Rätsel- und Knobelbüchern auf der ganzen Welt im Umlauf. Eine dieser weltweiten Varianten ist das *Problem der drei Häftlinge*, das in einer Mathematik-Kolumne von Martin Gardner erstmals 1959 thematisiert wurde.

In einem Gefängnis sitzen die drei verurteilten Häftlinge Ali, Baba und Carl ihre Strafe ab. Ein Los wird gezogen, bei dem alle dasselbe Risiko haben, exekutiert zu werden. Die anderen beiden werden begnadigt. Ali bittet den Wärter, der gerade bei ihm ist und der das Ergebnis des Losentscheids bereits kennt, ihm den Namen eines Mithäftlings zu nennen, der begnadigt werden wird. Der Wärter antwortet wahrheitsgemäß: «Carl wird begnadigt!» Wie groß sind nun die Wahrscheinlichkeiten von Ali und Baba, hingerichtet zu werden?

Abbildung 29: «Sind Sie schon lange hier?» Cartoon von Mike Flanagan.

Um die Beziehungen zum Drei-Türen-Problem deutlicher herauszuarbeiten, könnte man fragen:

> Wenn Ali sein Schicksal mit dem von Baba tauschen könnte, sollte er es tun?

Anti-Monty-Hall. Durch unsere früheren Erkenntnisse sensibilisiert, überlegen wir so: Vor der Antwort des Wärters beträgt Alis Wahrscheinlichkeit, exekutiert zu werden, 1/3. Da der Wärter dem Häftling Ali stets den Namen eines Begnadigten nennen kann, unabhängig vom Schicksal Alis, ändert die Antwort des Wärters Alis Wahrscheinlichkeit, hingerichtet zu werden, nicht. Sie beträgt auch nach der erhaltenen Information 1/3. Ali wusste ja bereits, dass mindestens einer der beiden anderen freigelassen werden würde. Die Tatsache, dass er nun eine begnadigte Person namentlich kennt, stellt in Bezug auf seine eigene Überlebenswahrscheinlichkeit somit keine relevante Information dar, die diese Wahrscheinlichkeit ändert.

Anders ist es aber bei Baba. Nach der Antwort des Wärters muss Babas Risiko, exekutiert zu werden, auf 2/3 angewachsen sein, da mit Wahrscheinlichkeit 1 genau einer der drei exekutiert werden wird und Carl ist es nicht. Ali sollte also, selbst wenn er es könnte, sein Schicksal nicht mit dem von Baba tauschen.

Um die Kurve zurück zum Anfang zu schlagen: In dieser Darreichungsform ist es eine Art umgekehrtes Monty-Hall-Problem, bei dem der Kandidat gerade nicht gewinnen will. Die beiden Ziegen entsprechen einer Begnadigung. Und der Gewinn des Autos entspricht formal der Exekution. Das sind die hier auftretenden Bedeutungswechsel. Dem Informationsgehalt in der Auskunft des Wärters entspricht die Information, die durch das Öffnen einer Tür durch den Moderator zum Ausdruck kommt. Auch hier kann man noch anfügen, dass ein Tausch des Schicksals von Ali mit dem von Baba den Häftling Ali genau dann zum Exekutierten macht, wenn vorher der Losentscheid nicht auf ihn fiel. Die Wahrscheinlichkeit dafür beträgt 2/3.

Ein Zusatz mit Paradoxiesteigerung sei zur Abrundung hinzugefügt.

Wie könnte die Geschichte weitergehen? Nachdem er Alis Frage beantwortet hat, besucht der Wärter dessen Mithäftling Baba in seiner Zelle. Baba ist neugierig und fragt ihn, was er denn mit Ali besprochen habe. Der Wärter erzählt es ihm. Daraufhin wird Baba ärgerlich, dass der Wärter nicht zuerst zu ihm gekommen ist, so dass er ihm dieselbe Frage hätte stellen können wie Ali und er selbst vom Wärter hätte erfahren können, dass Carl begnadigt wird. Und Baba hat recht. Vielleicht sollte er klagen beim Bundessonstwasgericht. Hinsichtlich der Wahrscheinlichkeiten macht es kurioserweise tatsächlich einen Unterschied, wer die Antwort des Wärters: «Carl wird begnadigt!» erhält. So erweist sich das Häftlingsproblem als Doppelparadoxon.

Umtausch nicht ausgeschlossen. Dass bei Tausch-, Umtausch- und Wechselvorgängen noch andere mysteriöse Effekte auftreten können, zeigt unser letztes Problem, welches meist unter der Bezeichnung *Austausch-Paradoxon* firmiert.[16] Wir wollen es ebenfalls im Kontext einer Spielshow präsentieren.

Bei einer Spielshow hat der Moderator hinter zwei Türen jeweils einen Geldbetrag deponiert, hinter der einen ist er doppelt so hoch wie hinter der anderen. Der Kandidat, der dies weiß, darf eine beliebige Tür öffnen und kann sehen, welcher Geldbetrag sich dahinter befindet. Der Moderator bietet ihm an, diesen Geldbetrag als Gewinn zu behalten oder die Türen zu tauschen und damit den Geldbetrag unbekannter Höhe hinter der anderen Tür zu gewinnen.

Wie soll sich der Kandidat in dieser Situation verhalten?

Auf der Suche nach dem verlorenen Euro (frei nach Marcel Proust)

Drei Freunde essen in einem Restaurant. Die Zeche beträgt 30 Euro und jeder bezahlt mit einem 10-Euro-Schein. Als der Kellner kassiert hat und die drei gegangen sind, sagt der Wirt zum Kellner, dass es alte Bekannte seien, denen er immer einen Rabatt gebe. Der Kellner solle ihnen doch 5 Euro zurückbringen. Unterwegs denkt der Kellner, dass er die 5 Euro ohnehin nicht an die drei verteilen könne. Deshalb gibt er jedem nur 1 Euro und streicht 2 Euro für sich ein.

Jeder der drei Freunde hat also 9 Euro bezahlt, das sind insgesamt 27 Euro. Außerdem hat der Kellner 2 Euro. Das sind zusammen 29 Euro. Doch anfangs waren es 30 Euro. Wo steckt der fehlende Euro?

Für den Kandidaten der Spielshow gibt es drei mögliche Verhaltensweisen:

> Die Immer-Wechseln-Strategie
> Die Niemals-Wechseln-Strategie
> Die Manchmal-Wechseln-Strategie

Die ersten beiden Strategien sind selbsterklärend. Bei der Manchmal-Wechseln-Strategie wird nur bei bestimmten Geldbeträgen hinter der geöffneten Tür zur anderen Tür gewechselt.

Mit gewissenhafter Untersuchung wollen wir zunächst die Vor- und Nachteile der beiden erstgenannten Strategien analysieren und zu einer Empfehlung kommen. Versetzen wir uns in die

Rolle des Kandidaten. Nehmen wir hypothetisch an, wir finden hinter der gewählten Tür einen Geldbetrag von G = 100 Euro. Dann wissen wir, dass sich hinter der anderen Tür entweder 200 Euro oder nur 50 Euro befinden, und zwar jeweils mit 50 %-iger Wahrscheinlichkeit. Wenn ich nicht wechsele, erhalte ich den Betrag G. Wenn ich wechsele, erhalte ich mit Wahrscheinlichkeit 50 % einen Betrag 2G = 200 Euro und ebenfalls mit Wahrscheinlichkeit 50 % einen Betrag G/2 = 50 Euro. Ganz egal, um welchen Betrag G es sich handelt, beim Verdoppeln kommt immer ein größerer Betrag hinzu (nämlich G), als beim Halbieren wegfällt (nämlich G/2). Im Durchschnitt bringt deshalb ein Wechsel eine höhere Gewinnerwartung, und zwar ist sie höher um den Betrag

$$\frac{1}{2} G - \frac{1}{2}\left(\frac{G}{2}\right) = \frac{1}{4} G.$$

Die Schlussfolgerung daraus liegt auf der Hand und kann nur sein: Der Kandidat sollte immer wechseln.

Das klingt alles sehr plausibel. Hier angelangt, könnte man versucht sein, es dabei zu belassen. Doch wir denken weiter. Denn irgendetwas kommt uns an der Sache spanisch vor.

Nach unserer Rechnung würde ein Wechsel meine Gewinnerwartung immer um 25 % erhöhen. Das gilt ganz unabhängig vom hinter der Tür gesehenen Betrag G. Demnach muss ich mir den Geldbetrag hinter der gewählten Tür gar nicht erst ansehen, sondern kann in Gedanken sogleich zur anderen Tür wechseln. Schon allein dieses gedankliche Wechseln zur anderen Tür würde meine Gewinnerwartung um 25 % erhöhen. Hm!?

Und das ist nicht alles. Nach dem einmaligen gedanklichen Wechseln könnte ich dasselbe Argument abermals auf den Geldbetrag hinter der neuen Tür anwenden. Dann käme ich zu demselben Schluss, dass ich abermals gedanklich wechseln müsste, und zwar zurück zur ersten Tür, mit wiederum gesteigerter Gewinnerwartung um 25 %. Und so geht es weiter. Abermals und immer wieder, ad infinitum. Es entsteht die abstruse Situation, dass ich durch andauerndes gedankliches Wechseln meine Gewinnerwartung ständig steigere und, vorausgesetzt, ich strebe Gewinnmaximierung an, nie eine Entscheidung für eine der beiden Türen treffen kann.

Das ist ein Spielshow-Analogon zu Buridans Esel, der sich in der Mitte zwischen zwei Heuhaufen nicht für einen der beiden Haufen entscheiden konnte. Der Kandidat befindet sich im Entscheidungsdilemma in der Mitte zwischen zwei Türen. Er ist lahmgelegt: Entschluss-Starre! Das bringt's nicht!

Doch nicht etwa an dieser Stelle schon mit der Analyse aufhören! Denken wir noch ein paar Windungen weiter: In der ursprünglichen Argumentation war unsere Gewinnerwartung beim Nichtwechseln G und beim Wechseln war sie um G/4 höher, betrug also 1,25 G. Doch nach dem Wechseln hat sich gegenüber der ersten Wahl der Tür nichts geändert. Auch hier kann ich Pech oder Glück haben und den kleineren Betrag G erwischen oder den größeren Betrag 2G. Wenn ich zu Beginn zufällig bei G gelandet war, gewinne ich durch den Wechsel den Betrag G hinzu. War ich anfangs zufällig bei 2G gelandet, verliere ich durch den Wechsel den Betrag G. Kaum nötig zu erwähnen, dass beides, Glück und Pech, hier gleich wahrscheinlich sind. Insofern beschert bei dieser ebenso plausiblen Art der Analyse ein Wechsel keinen Vorteil und meine Gewinnerwartung ist in beiden Fällen

$$\frac{1}{2} \times G + \frac{1}{2} \times 2G = 1,5G.$$

Diese Überlegung widerspricht der ursprünglichen Überlegung, da sie zwischen Wechsel und Nichtwechsel keinen Unterschied sieht. Sie widerspricht dem früheren Ergebnis auch dahingehend, dass jetzt der Erwartungswert der Wechselstrategie bei 1,5G liegt, statt wie zuvor bei 1,25G, und der Erwartungswert der Nichtwechsel-Strategie jetzt ebenfalls 1,5G ist, statt zuvor G.

Irgendwo ist hier offensichtlich ganz fundamental etwas faul. Aber wo ist die Denkfalle, in die wir hineingetappt sind? Die Mathematik, das Integral von quantitativer Nachdenklichkeit, wird sich hier etwas einfallen lassen müssen.

Doch nicht unzurückweisbar. Mit etwas höherer Feineinstellung ist ein erster Denkfehler zu lokalisieren. In beiden Argumentationen wird die Größe G unterschiedlich verwendet. Beim letzten Argument steht G für den *kleineren* der beiden hinter den Türen platzierten Geldbeträge. Im ersten Argument versteht man unter G aber den bei Öffnen der ersten Tür gefundenen Geldbetrag. Dieser Geldbetrag kann der kleinere, aber er kann auch der größere der beiden Beträge sein. Man sollte für ihn hier lieber die Bezeichnung F wählen. Dann ist der Wert von F vom Zufall abhängig und mit einer Wahrscheinlichkeit von je 50 % ist er entweder G oder 2G. Dieser feine Unterschied in der Verwendung von G führt zur Verschiedenheit der errechneten Gewinnerwartungen bei der ersten und der zweiten Argumentation. Die zweite Argumentation ist dabei richtig. Nur sie! Allein, warum?

Da das Paradoxe oft mit mentalen Überanstrengungen einhergeht, betrachten Sie das bisher Gesagte nur als einen Aufgalopp. Wir wollen das Paradoxon jetzt detaillierter und leicht verständlich auflösen, aber werden dann, gerade wenn Sie sich schon zufrieden zurücklehnen wollen, mit einem abermaligen geistigen Schocker ein neues Paradoxon in diesem Wirklichkeitsbereich aus dem Hut ziehen.

Damit wir die Gewinnerwartung des Kandidaten präzise kalkulieren können, müssen wir wissen, wie der Moderator der Show die Geldbeträge G und 2G konkret aussucht. Nehmen wir dazu an, dass er sie per Münzwurf bestimmt, und zwar sei G = 10, falls der Münzwurf *Kopf* ausgeht, und sei G = 100, falls er *Zahl* ausgeht. Diese Information hat der Kandidat aber nicht, denn sonst würde er bei einem Betrag von 200 hinter der gewählten Tür natürlich nicht mehr wechseln.

Nach dieser Festlegung lässt sich die Sachlage durch Auflistung aller Fälle in einem Baumdiagramm übersichtlich betrachten. Baumdiagramme sind aufs Ganze gesehen der nützlichste Ideenimport, um diese Art von Problemen zu lösen, fungieren sie doch als guter Hirnschrittmacher für mehrstufige Vorgänge.

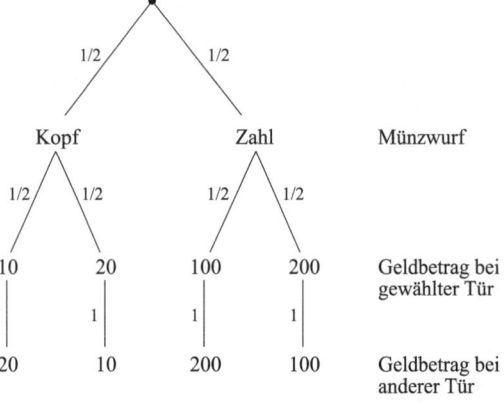

Abbildung 30: Baumdiagramm für eine Analyse des Austausch-Paradoxons

Entlang der Pfade sind die relevanten Wahrscheinlichkeiten notiert. Mit diesem Baumdiagramm lassen sich nun die Gewinnerwartungen der Strategien leicht bestimmen. Die Gewinnerwartung der Niemals-Wechseln-Strategie ist

$$\frac{1}{2}\times\frac{1}{2}\times 10 + \frac{1}{2}\times\frac{1}{2}\times 20 + \frac{1}{2}\times\frac{1}{2}\times 100 + \frac{1}{2}\times\frac{1}{2}\times 200 = 82{,}50.$$

Die Gewinnerwartung der Immer-Wechseln-Strategie ist

$$\frac{1}{2}\times\frac{1}{2}\times 1\times 20 + \frac{1}{2}\times\frac{1}{2}\times 1\times 10 + \frac{1}{2}\times\frac{1}{2}\times 1\times 200 + \frac{1}{2}\times\frac{1}{2}\times 1\times 100 = 82{,}50.$$

Beide Gewinnerwartungen sind gleich groß. Damit haben wir die Situation geklärt. Die Immer-Wechseln-Strategie bietet hier gegenüber der Niemals-Wechseln-Strategie keinerlei Vorteil. Beide haben eine Gewinnerwartung vom 1,5-Fachen vom mittleren Wert von G, wobei G der kleinere der deponierten Beträge ist. Er ist mit gleicher Wahrscheinlichkeit 10 oder 100, also im Mittel (10 + 100)/2 . Dieses Ergebnis ist verallgemeinerungsfähig und gilt für jede vom Moderator verfolgte Art und Weise der Festlegung des Betrages G.

Damit könnten wir uns nun eigentlich zufriedengeben. Das Paradoxon ist aufgeklärt. Doch wir hatten ja noch eine weitere Idee, die dritte Strategie. Es gibt ja ein ausgedehntes Drittes zwischen immer und nie: manchmal. Und so wollen wir jetzt eine Manchmal-Wechseln-Strategie ins Auge fassen. Sie erlaubt es, die Wechselentscheidung vom gesehenen Geldbetrag und vom Zufall abhängig zu machen. Genauer gesagt, kann man sich zunächst den Geldbetrag F hinter der ersten Tür anschauen und in Abhängigkeit von diesem Geldbetrag mit Wahrscheinlichkeit $P(F)$ wechseln und mit Wahrscheinlichkeit $1 - P(F)$ nicht wechseln. Wie erwähnt, ist F mit Wahrscheinlichkeit von je 50 % entweder G oder 2G.

Versuchen wir uns Klarheit zu verschaffen, ob dieser zusätzliche Spielraum tatsächlich etwas bringt. Die Wahrscheinlichkeit P_G, dass der Kandidat letztlich den kleineren Geldbetrag G erhält, ist gleich

$$P_G = \frac{1}{2}(1 - P(G)) + \frac{1}{2}P(2G)$$

und die Wahrscheinlichkeit, dass er den Betrag 2G erhält, ist

$$P_{2G} = \frac{1}{2}P(G)) + \frac{1}{2}(1 - P(2G)).$$

Wenn G bekannt wäre, dann wäre der erwartete Gewinn E_G das mit den Wahrscheinlichkeiten P_G und P_{2G} gewichtete Mittel der Geldbeträge G und 2G:

$$E_G = G \times P_G + 2G \times P_{2G}$$

$$E_G = \frac{3}{2}G + \frac{1}{2}G\,[P(G) - P(2G)]. \tag{6}$$

Der erste Summand ist der bereits vorher berechnete erwartete Gewinn, wenn die Beträge G und 2G hinter den Türen sind, und zwar ganz egal, ob wir wechseln oder nicht. Unsere aktuelle Rechnung bestätigt das. Denn im Falle des konsequenten Nichtwechselns sind $P(G)$ und $P(2G)$ beide 0, und im Falle des konse-

quenten Wechselns sind $P(G)$ und $P(2G)$ beide 1. Unser Wahr-
scheinlichkeitsansatz des Manchmal-Wechselns schließt bei
Wahl dieser extremen Wahrscheinlichkeitswerte die Strategien
des Immer-Wechselns und des Niemals-Wechselns ein. Doch
durch den Manchmal-Wechseln-Ansatz legen wir diese Verein-
seitigungen ab und schaffen uns neue Möglichkeiten.

Darüber hinaus ist aus der Formel (6) ablesbar, dass wir mit
der flexibleren Strategie genau dann eine Verbesserung gegenüber den Strategien des Nie-Wechselns und des Immer-Wechselns erzielen, wenn für mindestens einen der möglichen Werte G
der Klammerausdruck in dieser Formel positiv ist. Ein Vorteil
stellt sich demzufolge ein, wenn für ein G

$$P(G) - P(2G) > 0$$

ist. Eine vom Wert G = 0 in Richtung größer werdender Werte
von G abklingende Funktion P(G) leistet das auf jeden Fall. Das
schließt auch die spezielle Funktion

$$P(G) = \begin{cases} 1, \textit{für } G \leq C \\ 0, \textit{für } G > C \end{cases} \tag{7}$$

ein.

De facto bedeutet dies, dass wir bei Verwendung der Funktion
in Formel (7) dann wechseln werden und im Mittel gut dabei
fahren, wenn der von uns hinter der Tür gesehene Geldbetrag
nicht größer ist als eine Konstante C. Diese Konstante können
wir beliebig aus den positiven Zahlen wählen. Das ist ein ausgesprochen überraschendes Ergebnis: Die konsequenten Strategien
des Immer und Nie nützen nichts hinsichtlich einer Vergrößerung der Gewinnerwartung über 1,5G hinaus, doch das zufalls-
abhängige Manchmal-Wechseln tut dies sehr wohl.

Warum ist das so? Versuchen wir dieses frappierende Ergebnis
zu verstehen.

Angenommen also, wir als Spielshow-Mitspieler haben, ohne
etwas darüber zu wissen, wie G vom Moderator gewählt wird,
irgendwie und ganz beliebig unsere Konstante C festgelegt.
Dann entscheiden wir uns für eine Tür und inspizieren den
Geldbetrag G. Ist dieser kleiner oder gleich der Konstanten C,

dann wechseln wir zur anderen Tür. Wenn wir einen Geldbetrag hinter der Tür in Augenschein nehmen, dann hat der Moderator natürlich seine Festlegung der Geldbeträge G, 2G bereits vorher getroffen. Es gibt dann relativ zu unserer gewählten Konstante C drei Fälle, die eintreten können.

1. $C < G$: In diesem Fall wird der Kandidat nicht wechseln, ganz gleich, welche Tür er gewählt hat. Das entspricht der konsequenten Niemals-Wechseln-Strategie mit Gewinnerwartung 1,5G.

2. $C \geq 2G$: In diesem Fall wird der Kandidat wechseln, ganz gleich, welche Tür er gewählt hat. Das entspricht der konsequenten Immer-Wechseln-Strategie mit Gewinnerwartung 1,5G.

3. $G \leq C < 2G$: In diesem Fall verhält sich der Kandidat optimal. Sofern nämlich der Betrag G hinter der ersten Tür liegt, wird der Kandidat wegen $G \leq C$ wechseln, was gut ist. Andererseits, sofern der Betrag 2G hinter der ersten Tür liegt, wird der Kandidat wegen $2G > C$ nicht wechseln, was ebenfalls genau richtig ist. In beiden Eventualitäten erhält der Kandidat den größeren Betrag 2G als Gewinn. Das ist seine Gewinnerwartung in diesem dritten Fall.

Da die Wahrscheinlichkeit für den dritten Fall größer als null ist, wird die Gewinnerwartung insgesamt für die Manchmal-Wechseln-Strategie tatsächlich über 1,5G hinaus erhöht.

Das lässt jedes mathematisch inklinierte Herz höher schlagen. Wo sind die Adjektive, die das beschreiben?

Phantastisch wäre eines, oder?

6. Wenn Ungünstig mal Ungünstig gleich Günstig ist

Die Kunst, sich selbst aus dem Sumpf ungünstiger Optionen zu ziehen

When it's good to be bad. Die Welt ist nicht immer logisch, gerecht ist sie noch weniger. Die dümmsten Bauern ernten ja bekanntlich die dicksten Kartoffeln, der billigere Wein schmeckt manchmal besser und zwei hässliche Eltern können die schönsten Kinder in die Welt setzen. Wir Menschen versuchen die Welt zu verstehen, kognitiv zu durchdringen, uns mit einem Instrumentarium von Sinnen und Denkwerkzeugen, das alles andere als perfekt ist, in einer nicht immer wohlgesinnten Umgebung zu behaupten. Manchmal geraten wir in Situationen, die für uns ungünstig sind. Manchmal scheint es sogar, als stünden uns einzig ungünstige Optionen zur Verfügung. Und wer nur Verlustoptionen hat, kann der letztendlich etwas anderes sein als ein Verlierer? Das scheint doch ausgemacht. Und es ist ein Gedanke, der so offensichtlich ist, dass man ihn in der Regel weder wahrnimmt noch hinterfragt.

Der spanische Wissenschaftler Juan Parrondo hat Mitte der 1990er Jahre und drum herum die mehr als überraschende Entdeckung gemacht, dass es nicht unbedingt so sein muss. Er zeigte uns, dass sich unter bestimmten Umständen zwei ungünstige Situationen geschickt zu einer günstigen Situation kombinieren lassen. Er hat – überspitzt formuliert – behauptet und bewiesen, dass doppelter Verlust mit einem einfachen Mechanismus in einen Gewinn umgemünzt werden kann. Das ist ein Ergebnis mit Blockbuster-Qualitäten, fast ein Grund, um erkenntnistheoretisch zu hyperventilieren. In diesem Kapitel erwartet Sie eine Einführung in die Kunst des gewinnbringenden Verlierens in 1 h und 15 min.

Abbildung 31: Weg in die
Ausweglosigkeit?

Obacht, Las Vegas, Parrondo ante Portas. Am einfachsten lässt sich
das Prinzip an drei einfachen Münzspielen mit insgesamt drei
Münzen darstellen. Der große Vorteil dieser Formulierung besteht darin, dass sie sehr leicht verständlich ist. Das Beispiel ist
subtil, aber nicht diffizil. Zwei dieser Münzspiele sind Verlustspiele für den Spieler und die Kombination dieser beiden Verlustspiele wird sich als Gewinnspiel entpuppen. Wir stellen
zunächst die Spiele vor und kümmern uns dann um eine Erklärung. Die Münzen sind teils auf einer Seite etwas schwerer und
fallen deshalb mit unterschiedlichen Wahrscheinlichkeiten auf
die eine oder andere Seite. Sie sind unsymmetrisch.

Bei Spiel 1 gewinnt man mit 50%iger Wahrscheinlichkeit
einen Euro und mit der gleichen Wahrscheinlichkeit verliert man
einen Euro. Im Spielkasino könnte also eine einfache symmetrische Münze geworfen werden, mit Gewinn für den Spieler etwa
bei *Kopf* und Verlust bei *Zahl*.

Spiel 2 ist etwas aufwendiger. Hierbei werden zwei unsymme-
trische Münzen eingesetzt. Welche als Nächstes geworfen wird,
hängt vom bisherigen Spielverlauf ab. Hat der Spieler in den bis-

109

herigen Spielen einen Geldbetrag gewonnen, der durch 3 teilbar ist, so wird im Spielkasino Münze A geworfen, die für den Spieler äußerst ungünstig ist und ihm nur eine Wahrscheinlichkeit von 1/10 für den Gewinn und eine Wahrscheinlichkeit von 9/10 für den Verlust eines Euro bietet. Ist der bisherige Gewinnbetrag hingegen kein Vielfaches von 3, wird vom Kasino eine für den Spieler günstige Münze B geworfen, bei der er mit Wahrscheinlichkeit 3/4 einen Euro gewinnt und mit Wahrscheinlichkeit 1/4 einen verliert.

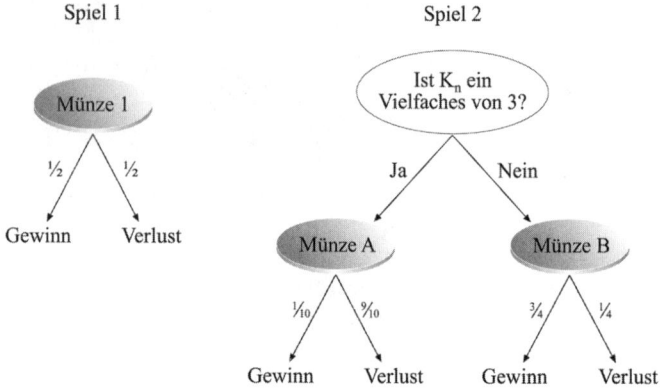

Abbildung 32: Parrondos Münzspiele

Wie sind diese beiden Spiele 1 und 2 einzuschätzen?

Sei K_n der nach n Spielen gewonnene Betrag mit dem Anfangswert $K_0 = 0$.

Bei Spiel 1 ist der mittlere Erlös

$$\frac{1}{2} \times (+1) + \frac{1}{2} \times (-1) = 0.$$

Im Mittel gibt es also weder Gewinn noch Verlust bei diesem Spiel. Die Mathematiker nennen so etwas ein *faires* Spiel.

Die Analyse von Spiel 2 gestaltet sich komplizierter. Zunächst scheint es bei flüchtiger Prüfung, dass in einer langen Serie dieses Spiels die Münze A in circa einem Drittel aller Runden zum Einsatz kommt. Doch dieser Eindruck erweist sich bei genauerem Nachdenken als falsch. Ist nämlich K_n = 3k für eine natürliche Zahl k, so geht mit großer Wahrscheinlichkeit (d. h. mit Wahrscheinlichkeit 9/10) die nächste Runde verloren und wir gelangen zu K_{n+1} = 3k – 1. Dann wird die Münze B ausgespielt mit einem voraussichtlichen (mit Wahrscheinlichkeit 3/4) Gewinn für den Spieler. Damit ist mit großer Wahrscheinlichkeit K_{n+2} = 3k erreicht und die Münze A kommt abermals zum Einsatz. Nach dieser Überlegung scheint die Münze A langfristig öfter als nur bei einem Drittel der Runden eingesetzt zu werden, und in der Tat bestätigt eine quantitative Analyse, dass Münze A langfristig in 5/13 aller Runden geworfen wird. Das bedeutet mithin, dass der langfristige Ertrag von Spiel 2 für den Spieler das mit 5/13 und 8/13 gewichtete Mittel der durchschnittlichen Erträge der Münzen A und B ist. Der Ertrag von Münze A liegt bei

$$\frac{1}{10} \times (+1) + \frac{9}{10} \times (-1) = -\frac{8}{10},$$

d. h., sie verzeichnet einen Verlust von im Mittel 8/10 Euro pro Wurf. Der Ertrag von Münze B ist

$$\frac{3}{4} \times (+1) + \frac{1}{4} \times (-1) = \frac{1}{2}. \tag{8}$$

Das ist ein Gewinn von im Mittel 1/2 Euro pro Wurf. Daraus errechnet sich der langfristige Ertrag von Spiel 2 zu

$$\frac{5}{13} \times \left(-\frac{8}{10}\right) + \frac{8}{13} \times \left(+\frac{1}{2}\right) = -\frac{40}{130} + \frac{8}{26} = 0. \tag{9}$$

Das bedeutet, auch Spiel 2 ist ein faires Spiel. Im Durchschnitt wird vom Spieler weder ein Gewinn erzielt noch ein Verlust erlitten.

Etwas Erstaunliches, ja logisch Ungeheuerliches stellt sich ein, wenn das Kasino dem Spieler erlauben würde, diese beiden fairen Spiele 1 und 2 zu kombinieren, etwa durch den Wurf einer symmetrischen Münze entscheiden zu lassen, ob Spiel 1 oder Spiel 2 als Nächstes gespielt wird. Jedes der beiden Spiele hat dann die Wahrscheinlichkeit 1/2, in jeder Spielrunde an der Reihe zu sein. Durch diese Zufallswahl zwischen den beiden fairen Spielen erhalten wir langfristig – ein Gewinnspiel!

Ich hoffe, Sie finden dies genauso faszinierend wie ich. Zwei durch einen simplen zufälligen Mechanismus in der Form eines Münzwurfs kombinierte faire Spiele, die im langfristigen Mittel keinen Gewinn abwerfen, werden zu einem Gewinnspiel. Aus welchen Gehirnwindungen treten solch geniale Ideen hervor?

More drama, Baby. Doch es wird noch furioser. Wenn man nun die beiden fairen Spiele durch eine winzige Veränderung in die Defizitzone schiebt, sie mithin zu Verlustspielen macht, ist der Effekt noch atemberaubender. Das ist kurz davor, Kunst zu sein. Oder Zauberei. Es ist leicht erreichbar, indem bei Spiel 1 und Spiel 2 jeweils eine kleine Teilnahmegebühr erhoben wird, die so gering ist, dass ein Gewinn beim kombinierten Spiel im Mittel erhalten bleibt. Eine andere Möglichkeit besteht darin, die Gewinnwahrscheinlichkeit aller drei Münzen zu reduzieren. Nicht zu arg allerdings, in geregeltem Pegel, etwa um die Winzigkeit von $c = 0{,}005$. In beiden Fällen bekommen wir es mit zwei Verlustspielen 1 und 2 zu tun, die zum Gewinnspiel 3 kombiniert worden sind.

Darf ich vorstellen? Das ist Parrondos Paradoxon. Es wurde erdacht vom spanischen Mathematiker und Physiker Juan Parrondo. Wie Phönix aus der Asche erhebt sich aus zwei Miseren eine Gunst. Ein veritabler Circulus vitiosus, der zum Glückskreislauf umgebogen wird und dann Verluste in Gewinnschübe umkehrt. Und zwar so, dass es zu einem langfristigen echten Bilanzüberschuss von Gutem über Ungutes kommt. Mathematische Alchemie ist das, die auch manch austrainierten Denkersmann baff macht. Schwerst cool könnte man es mit einem Ausdruck aus dem Irgendwo zwischen Hoch- und Höherdeutsch nennen.

Wir verlieren uns empor. Kann man das gemischte Spiel, also die durch Münzwurf kombinierten Verlustspiele 1 und 2, hinreichend lange spielen, wird man beliebig reich werden. Es ist eine unerschöpflich sprudelnde Geldquelle. Das ist eigentlich unglaublich.

Wir führen deshalb eine Simulation durch, stellen also die Wirklichkeit nach, um zu sehen, ob der Effekt real ist. Dabei veranschlagen wir nun bei Spiel 1 die Gewinnwahrscheinlichkeit 0,495 sowie 0,095 bei Münze A und 0,745 bei Münze B. Damit haben wir die angesprochene Reduktion der Gewinnwahrscheinlichkeiten um $c = 0,005$ vorgenommen.

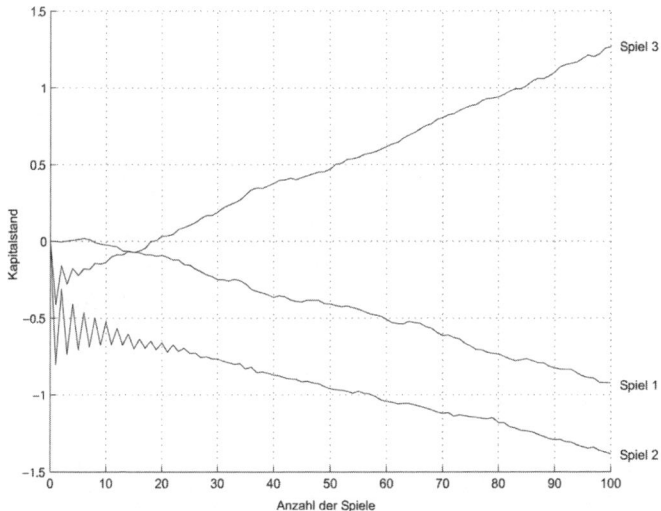

Abbildung 33: Verlauf der Erträge bei den Spielen 1, 2, 3, gemittelt über je zehntausend Spielserien der Länge 100

In der Simulation wurden die Spiele 1, 2, 3 von einem Computer jeweils 100 Runden lang ausgespielt, und zwar zehntausendmal. Dann wurden die Ergebnisse über diese zehntausend Versuchsreihen gemittelt. Es ergaben sich die Kurven in Abbildung 33. Spiel 1 und Spiel 2 verlieren wie erwartet Geld. Spiel 3 ist das, was man modern als Wertschöpfungskette bezeichnen könnte.

Funktional gesprochen, ist es die kalte Fusion von Verlust und Verlust zum Gewinn.

"It's a government funded study to find out how many wrongs make a right."

Abbildung 34: «Es ist eine staatlich finanzierte Studie, die feststellen soll, wie viele Falsche ein Richtiges ergeben.» Cartoon von Marty Bucella.

Sehnsucht nach besserem Verlust. Nun ist es an der Zeit, ein paar Wermutstropfen einzuschenken. Leider ist nämlich die beschriebene Spielweise in einem Kasino der realen Welt nicht von Nutzen, da zwecks Ausnutzung des Parrondo-Effektes die Gewinnchancen eines der Spiele davon abhängen müssen, wie viel Geld der Spieler bereits gewonnen hat. Doch kein Kasinospiel der Welt ist von diesem Zuschnitt. Schade, leider.

Die Theorie von Theorie und Praxis

In der Theorie gibt es keinen Unterschied zwischen Theorie und Praxis. In der Praxis schon.

Yogi Berra

Man kann übrigens die beiden Verlustspiele auch noch anders als durch Münzwurf miteinander koppeln, um zu einem Gewinnspiel zu kommen. Die einfachste Möglichkeit ist diejenige, ganz simpel zwischen ihnen abzuwechseln und die Serie in der Reihenfolge Spiel 1, Spiel 2, Spiel 1, Spiel 2, ... ablaufen zu lassen.

Wir wollen jetzt in einem Seitenflügel des Kapitels dazu ein konkretes Beispiel durchrechnen:[17]

Mit einer leicht überbeschleunigten Rechnung vergleichen wir explizit die Erträge einer Spielserie von sechs Runden mit Spiel 1 bzw. mit Spiel 2 und einer ebenfalls sechsrundigen Serie der abwechselnd kombinierten Spiele.

Alles auf Anfang. In Spiel 1 gewinnt man bei *Kopf* und die Wahrscheinlichkeit dafür ist 0,495. Die Wahrscheinlichkeit für einen Verlust bei *Zahl* ist entsprechend 0,505. Wenn man sechsmal Kopf wirft, gewinnt man 6 Euro. In gebenedeiter Einfachheit ist die Wahrscheinlichkeit dafür gleich

$$0{,}495 \times 0{,}495 \times 0{,}495 \times 0{,}495 \times 0{,}495 \times 0{,}495 = 0{,}0147.$$

Wirft man fünfmal Kopf und einmal Zahl – und es gibt 6 Möglichkeiten, das zu tun –, dann gewinnt man 4 Euro. Die Wahrscheinlichkeit für diesen 4-Euro-Gewinn ist das Produkt

$$6 \times 0{,}495 \times 0{,}495 \times 0{,}495 \times 0{,}495 \times 0{,}495 \times 0{,}505 = 0{,}0900.$$

Entsprechend kann man die Wahrscheinlichkeit für einen Gewinn von 2 Euro (viermal Kopf und zweimal Zahl), 0 Euro (dreimal Kopf und dreimal Zahl), minus 2 Euro (zweimal Kopf und viermal Zahl), minus 4 Euro (einmal Kopf und fünfmal Zahl), minus 6 Euro (null Mal Kopf und sechsmal Zahl) ausrechnen. Insgesamt ist der erwartete Gewinn nach 6 Runden von Spiel 1 das mit ihren Wahrscheinlichkeiten gewichtete Mittel dieser sieben verschiedenen Gewinnmöglichkeiten von + 6 Euro bis – 6 Euro:

$$6 \times 0{,}0147 + 4 \times 0{,}0900 + 2 \times 0{,}2297 + 0 \times 0{,}03124 - 2 \times 0{,}2390$$
$$- 4 \times 0{,}0975 - 6 \times 0{,}0166 = -0{,}06.$$

Der durchschnittliche Gewinn ist nach sechs Runden negativ, ganz so, wie wir es auch erwartet haben. Man büßt in diesen sechs Runden im Durchschnitt 6 Cent ein. Das ist nicht viel, schaukelt sich aber langfristig hoch.

Spiel 2 kann man ganz entsprechend untersuchen. Es ist genauso elementar, aber etwas aufwendiger in der Analyse. Die Wahrscheinlichkeit von sechsmal Gewinn ist

0,095 × 0,745 × 0,745 × 0,095 × 0,745 × 0,745 = 0,0028.

Es gibt 6 verschiedene Abfolgen, 4 Euro zu gewinnen. Die Wahrscheinlichkeit hängt davon ab, wann der eine Verlust eintritt. Soll er im sechsten Spiel eintreten, ist die Wahrscheinlichkeit

0,095 × 0,745 × 0,745 × 0,095 × 0,745 × 0,255 = 0,0010.

Soll der Verlust an vorletzter Stelle auftreten, ergibt sich dafür die Wahrscheinlichkeit

0,095 × 0,745 × 0,745 × 0,095 × 0,255 × 0,095 = 0,0001.

Alles in allem sind für eine Analyse von Spiel 2 genau 64 verschiedene Abfolgen von Gewinnen und Verlusten zu bedenken. Um alle diese Abfolgen zu bewerten, müssten Sie Ihre Komfortzone wohl verlassen. Doch da es eine reine Fleißarbeit ist, die keine Raffinesse erfordert, erspare ich Ihnen das. Und setze selbst zum Sprung von der Quantität in die Qualität an. Wenn man diese 64 Wahrscheinlichkeiten allesamt ermittelt und mit ihnen abermals den erwarteten Gewinn errechnet, sehen Rechnung und Ergebnis so aus:

6 × 0,0028 + 4 × 0,0089 + 2 × 0,1407 + 0 × 0,5575 − 2 × 0,1921 − 4 × 0,0946 − 6 × 0,0035 = − 0,4498.

Auch dies ist wie vorhergesehen ein Verlustspiel, und zwar ein recht heftiges. Spielt man nur Spiel 1 oder nur Spiel 2, steht man irgendwann mit weniger als leeren Händen da.

Nun kommen wir zum etwas anspruchsvolleren Teil: Wie sieht es aus mit sechs Runden von Spiel 3, gespielt in der Abfolge 1, 2, 1, 2, 1, 2 der Spiele 1 und 2? Die Wahrscheinlichkeit für eine Folge von 6 Gewinnen ist

0,495 × 0,745 × 0,495 × 0,095 × 0,495 × 0,745 = 0,0064.

Um 4 Euro zu gewinnen, gibt es wiederum 6 verschiedene Möglichkeiten, deren Wahrscheinlichkeiten von der Position des Verlustes abhängen. Zum Beispiel ist die Wahrscheinlichkeit für eine Serie von 5 Gewinnen, gefolgt von einem Verlust, gleich

0,495 × 0,745 × 0,495 × 0,095 × 0,495 × 0,255 = 0,0022.

Tritt der Verlust im fünften Spiel auf bei ansonsten allesamt Gewinnen, ist die Wahrscheinlichkeit dafür

$0,495 \times 0,745 \times 0,495 \times 0,095 \times 0,505 \times 0,095 = 0,0008$.

Auch bei Spiel 3 gilt es wieder, 64 verschiedene Fälle zu bedenken. Doch keine Sorge, auch diese müssen Sie nicht alle auswerten. Hier ist der mittlere Gewinn direkt angegeben:

$6 \times 0,0064 + 4 \times 0,0260 + 2 \times 0,5393 + 0 \times 0,2697 - 2 \times 0,0627 - 4 \times 0,0883 - 6 \times 0,0076 = 0,6968$.

Das ist ein Gewinnspiel. Noch dazu eines, das sich sehen lassen kann. Über je 6 Runden kann man im Mittel einen Gewinn von rund 70 Cent einheimsen. Gewinnrunden aufgrund der «guten» Münze von Spiel 2 bringen das Kapital des Spielers nach vorne, bergauf sozusagen, gegen einen stets bestehenden Drift in Richtung Verlustzone. Ein Wechsel zum anderen Spiel fängt dann die Gewinne ein und sichert ab gegen ein Abgleiten des Spielerkapitals, wie es Wiederholungen desselben Spiels fast unweigerlich herbeiführen würden. Parrondos Paradoxon ist ein rares Mirakel für das aus doppeltem Unglück erzeugte Glück.

"What luck!"

Abbildung 35: «Was für ein Glück!» Cartoon von Theresa McCracken.

Der Effekt ist also nicht nur virtuell, sondern tritt in der Echt-
welt auf. Und er verlangt in erheblichem Maße nach Erläuterung.
Die erste Frage, die sich stellt, liegt auf der Hand: Wie ist es möglich, dass durch bequemes Mischen zweier Verlustspiele ein Gewinnspiel entsteht? Und umgekehrt.

Negativausbeute

Der Supermarktdieb Klaus S. erlitt 1998 einen hohen finanziellen Verlust bei
einem an sich geglückten Überfall. Er legte einer Kassiererin einen 500-DM-
Schein hin, worauf diese ihre Kasse öffnete. Der Dieb ergriff den Kasseninhalt
und verschwand damit. Es handelte sich um 163,50 DM. Unglücklich für den
Dieb: Seinen echten 500-DM-Köder überließ er der Kassiererin.

Ist das per definitionem noch ein klassischer Raub?

Dies zu verstehen ist unser Nahziel. Wir wollen es in gebühren-
der Ausführlichkeit angehen. Der Schlüssel zum intuitiven Verständnis besteht in der Einsicht, dass es für den Spieler gute und
schlechte Situationen gibt, d. h. günstige und ungünstige Kapitalstände, abhängig davon, ob das gewonnene Kapital K_n durch 3
teilbar ist oder nicht. Wir haben uns schon überzeugt, dass die
guten und schlechten Situationen nebst den zugehörigen Gewinnwahrscheinlichkeiten in Spiel 2, ohne die Defiziterzeugung
durch Reduktion der Gewinnwahrscheinlichkeiten um c = 0,005,
so filigran ausbalanciert sind, dass im langfristigen Mittel weder
Verlust noch Gewinn zu erwarten sind. Dieses fein eingestellte
Gleichgewicht wird zugunsten des Spielers verschoben, wenn
immer mal wieder Spiel 1 ausgetragen wird. Und zwar wird das
Gleichgewicht so verschoben, dass öfter als beim reinen Spiel 2
für den Spieler günstige Situationen auftreten, also nicht durch
3 teilbare Kapitalstände.

Warum ist das so?

Unmittelbar bevor jeweils Spiel 1 gespielt wird, sind zwei Fälle
möglich.

Fall 1: Das Kapital K_n ist durch 3 teilbar, etwa könnte das Kapital K_n = 6 sein. Spiel 1 erhöht den Kapitalstand um 1 oder ver-

mindert ihn um 1. Nach Spiel 1 ist der Kapitalstand also jedenfalls nicht mehr durch 3 teilbar.

Fall 2: Das Kapital K_n ist nicht durch 3 teilbar, zum Beispiel $K_n = 7$ oder $K_n = 8$. Nach Spiel 1 ist der neue Kapitalstand 6 bzw. 8 oder 7 bzw. 9. Und damit nur in 50 % der möglichen Ausgänge wiederum durch 3 teilbar. Die Zahl der Situationen, in denen das Kapital nicht durch 3 teilbar ist, erhöht sich dadurch und das aus den Spielen 1 und 2 kombinierte Spiel 3 wird günstiger für den Spieler.

Dieselbe Argumentation ist im Übrigen einsetzbar, wenn die beiden Spiele 1 und 2 nicht durch einen Zufallsmechanismus wie das Werfen einer Münze kombiniert werden, sondern alternierend, beginnend bei $K_0 = 0$ mit Spiel 1. So haben wir es ja in unserer detaillierten Analyse von sechs Runden Spiel 3 auch bereits untersucht.

Um dieses Paradoxon noch aus einer anderen Perspektive zu beleuchten und besser zu verstehen, kann man das Bild einer mechanischen Rätsche bemühen. Rätschen sind Bauelemente mit schiefen Sägezähnen, die häufig Teil des Zahnräderwerkes von Armbanduhren sind und es der Uhr erlauben, sich durch Bewegung selbst aufzuziehen. Ein Schnapper, eine Art von Sperrklinke, greift dabei zwischen die Sägezähne in einer Weise, dass die Bewegung der Rätsche in nur eine Richtung möglich ist und in die andere Richtung blockiert wird. Parrondos Paradoxon ist ein Analogon einer pulsierenden Rätsche, wobei die Zähne periodisch ein- und ausklappen. Mal sind die Sägezähne präsent, mal sind sie es nicht. Mal ist das Profil stufig, mal ist es gerade und geneigt. In beiden Fällen, sowohl auf der schiefen Ebene als auch auf der Treppe, würde ein Tischtennisball abwärtsrollen. Doch bei periodischem Wechsel zwischen leicht schiefer Ebene und leicht geneigter Treppe wird der Tischtennisball langsam, aber stetig nach oben massiert.

t = 0

t = 1

t = 2

t = 3

Abbildung 36: Die sich abwechselnden Zustände einer mechanischen Rätsche

Spiel 1 ist vergleichbar mit der schiefen Ebene. Die leicht unbalancierte Münze produziert im Mittel einen kleinen, aber beständigen Verlustdrift, vergleichbar dem Abwärtsdrift, den eine Kugel auf einer geringfügig geneigten schiefen Ebene verspürt.

Spiel 2 ist vergleichbar mit dem Sägezahnanteil der Rätsche, der Objekte einzufangen vermag, hier die Kugel am Hinabrollen hindern, dort das Spielerkapital vor einer Verringerung bewahren kann. Jeder Zahn der Rätsche hat dabei zwei Anteile, eine ansteigende und eine abfallende Seite. Die beiden Münzen von Spiel 2 entsprechen diesen beiden Seiten eines jeden Sägezahns. Das ganze Parrondo-Münzspiel ist gewissermaßen die Übersetzung einer mechanischen Rätsche in die Spieltheorie.[18]

Die Nichtparadoxie von Parrondos Paradoxon. Um tiefer und zum Kern des Paradoxen vorzustoßen, brauchen wir zusätzliche Erklärungskraft. Man kann die Parrondo-Struktur auch völlig ohne Beteiligung von Münzwürfen, also ohne jegliche Zufallseinflüsse, darstellen. In dieser Lesart verliert das Paradoxon einen Großteil seines Schockwertes. Dann ist es kein imponderables Inkommensurabulum mehr, eher ein unenormes Unparadoxon.

Um das Gemeinte präzise zu verarbeiten, führen wir zur Veranschaulichung ein Spiel A und ein Spiel B ein. In Spiel A verliert der Spieler stets 3 Euro, wenn sein gegenwärtiger Kapitalstand eine ungerade Zahl ist, bei geradem Kapitalstand gewinnt er 1 Euro. Spielt man eine Serie dieser «Spiele», so sieht die Folge der Kapitalstände so aus: 0, 1, -2, -1, -4, ... Der Spieler rutscht, übrigens von beliebigem Anfangskapital, früher oder später unaufhaltsam immer weiter in die Verlustzone. Im Mittel büßt er 1 Euro pro Runde ein.

Nun führen wir noch ein ebenso simples Spiel B ein. In diesem gewinnt der Spieler jeweils 1 Euro, wenn sein Kapitalstand ungerade ist. Ist dieser gerade, so verliert er 3 Euro. Auch hier entwickelt sich die Folge der Kontostände des Spielers in einer Serie von Spielen nicht zu dessen Zufriedenheit: 0, -3, -2, -5, -4, ... ist der Anfangsabschnitt der Folge. Auch wenn Spiel B wiederholt gespielt wird, erleidet der Spieler von beliebigem Anfangskapital aus einen mittleren Verlust von 1 Euro pro Runde. Die Spiele A und B sind für den Spieler garantierte Verlustszenarien: Nur das eine oder nur das andere zu spielen ist gleichermaßen misslich. Zuträglich ist es aber, zwischen beiden abzuwechseln, denn der Turnus *Spiel A, Spiel B, Spiel A, Spiel B, ...* erzeugt die erfreuliche Folge der lukrativen Kapitalstände 0, 1, 2, 3, ... mit einem kalkulierbaren Gewinn von 1 Euro in jeder Runde.

Der Ablauf sei als Baum- und Flussdiagramm dargestellt:

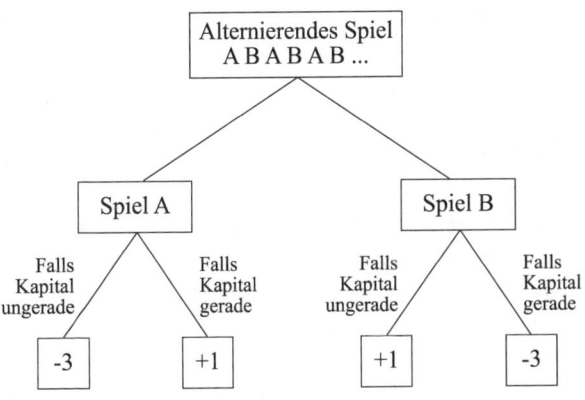

Abbildung 37: Baumdiagramm des alternierenden Spiels

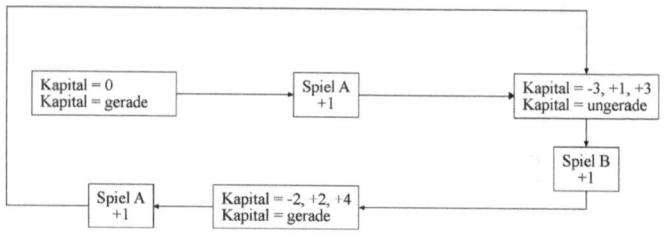

Abbildung 38: Flussdiagramm des alternierenden Spiels

Im Lichte dieser Konstellation und unserer Untersuchungen lehrt uns Parrondos Paradoxon nichts anderes, als dass es besser ist, die zwischen den Spielen alternierende Serie A, B, A, B, ... zu spielen, als n-mal hintereinander zuerst Spiel A und dann n-mal Spiel B zu spielen.

Man sieht, die Reihenfolge macht einen Unterschied. Hier ist es der nicht unbedeutende Unterschied zwischen Totalverlust und Hauptgewinn.

Parrondos Paradoxon ist in dieser Sicht ganz und gar unparadox. Es ist einfach ein wunderbar ausgetüfteltes Beispiel, das den Blick frei macht dafür, welch großen Einfluss die Koppelung von Mechanismen haben kann und wie deren geeignete Verzahnung Wahrscheinlichkeitsüberlegungen, die auf Unabhängigkeit der beteiligten Mechanismen basieren, über den Haufen zu werfen vermag. Diesen zum Verständnis des Paradoxons wichtigen Koppelungsaspekt wollen wir noch etwas pointierter herausstellen.

Zu diesem Zweck werden wir das letzte Spielgeschehen etwas abwandeln. Ändert man in Spiel A und Spiel B den Verlustbetrag von 3 Euro auf 1 Euro, so bleibt der Effekt noch in der Form in Kraft, dass nun zwei im Wechsel gespielte faire Spiele ein günstiges Gesamtspiel bilden. Hierfür gibt es ein räumliches Analogon: Angenommen, bei S_1, S_2, S_3, ... handelt es sich um eine Liste verschiedener Städte. Das Busunternehmen A-Tours bietet für eine Stadt S_n die Fahrt nach S_{n+1} und zurück nach S_n an, aber nur für jedes *gerade* n. Ebenso das Busunternehmen B-Tours, außer dass deren Angebot sich nur auf alle *ungeraden* n bezieht. Kauft man Tickets allein von A-Tours oder allein von B-Tours, kann man stets nur von der Stadt, in der man sich befindet, zur benachbarten Stadt und zurück fahren, immer und immer wieder nur dies. Man kommt nicht wirklich von der Stelle, nur hin und her, vor und zurück. Doch wenn man Tickets beider Unternehmen erwirbt und diese abwechselnd verwendet, kann man so weit fahren, wie man will.

Auch in dieser Darstellungsweise ist das Paradoxon alles andere als paradox, sondern eine ganz geheure Selbstverständlichkeit.

Bei weiterer Suche stellen sich viele Fallbeispiele aus den verschiedensten Gebieten für das Phänomen ein, dass zwei oder mehr zweifelsfreie Verlustsituationen sich zu einer Gewinnsituation kombinieren. In der Landwirtschaft etwa gibt es die Bauernweisheit, dass sowohl Spatzen als auch Insekten für sich alleine genommen eine ganze Ernte vernichten können. Doch in Jahren, in denen es viele Spatzen *und* viele Insekten gibt, wird meist eine gesunde Ernte eingefahren. Die unabhängigen Beziehungen zwischen Spatzen und Ernte sowie zwischen Insekten und Ernte werden durch die Dreiecksbeziehung Spatzen-Insekten-Ernte nachhaltig beeinflusst und in ihrer Wirkung auf die Ernte entscheidend verändert.

Oder man bedenke diese Beziehung ganz anderer Art: In einem Artikel der *New York Times* wird Dr. Derek Abbot zitiert, der in der Entwicklung der öffentlichen Meinung bei Präsident Clintons Monica-Lewinsky-Affäre ein Phänomen entdeckt zu haben meinte, das sich im Kontext des Parrondo-Paradoxons deuten lässt: «Präsident Clinton, der zunächst geleugnet hatte, eine sexuelle Affäre mit Monica Lewinsky unterhalten zu haben, konnte feststellen, dass seine Popularitätswerte sogar anstiegen, als er zugab, dass dies eine Lüge war. Dieser weitere Skandal, kombiniert mit dem ersten, erzeugte etwas Positives für Clinton.»

Wie wir nun wiederholt erlebt haben, kommt es oft ganz entscheidend auf die Reihenfolge zweier Aktionen an. Das ist im Einklang mit unserer täglichen Erfahrung. Im Fall Clinton etwa könnte man vor diesem Hintergrund hinzufügen: Öffentlich zuerst zu lügen, wie zuvor während des Wahlkampfes, und dann eine außereheliche Affäre zugeben zu müssen, hatte Clinton keinerlei Pluspunkte in der Öffentlichkeit gebracht. Andere Reihenfolge, andere Ausbeute.

Après Parrondo. Wissenschaftler diverser Disziplinen suchen derzeit nach Anwendungen des Paradoxons in ihren Gebieten. Juan Parrondo, der Meister selbst, ist der Ansicht, dass sein Paradoxon auch in der Evolution eine wichtige Rolle gespielt haben könnte. Besondere Arten von molekularen Rätschen haben womöglich die Selbstorganisation lebender Strukturen hin zu größerer Komplexität unterstützt. Auf einem anderen Gebiet ist als seriöser Forscher Sergei Maslow tätig. Mit Blick auf Parrondo-Reaktionen hat er Investmentstrategien an der Börse analysiert. Er meint Hinweise darauf gefunden zu haben, dass sich zwei zum Verlust entwickelnde Aktien durch einen geeigneten Rätscheneffekt zu einem Gewinnportfolio aussteuern lassen könnten.

Diese Forschungsstränge stecken immer noch in den Kinderschuhen. Doch gibt es mittlerweile ausgefeilte Theorien darüber, wie sich kleinste Lebewesen gegen ein Kraftfeld fortbewegen können – indem sie nämlich eine Art von chemisch-elektrischer Rätsche konstruieren. Eine ganz profane Alltagsanalogie kann auch hier wieder helfen, dies plausibel zu machen: Schüttelt man einen Glasbehälter, der eine Nussmischung enthält, so stellt man fest, dass die großen und entsprechend schweren Brasilnüsse nicht etwa auf den Boden des Behälters herabsinken, sondern im Gegenteil durch Schütteln nach oben steigen und sich dort anhäufen. Die kleineren Nüsse blockieren nämlich deren Abwärtsbewegung, indem sie durch die Zwischenräume zwischen den größeren Nüssen nach unten sinken. So führt ein von seiner Natur her Unordnung erzeugender Prozess wie der des Schüttelns zur Herstellung von Ordnung.

Nature knows best. Einige Forscher vermuten seit geraumer Zeit, dass bestimmte Proteine, die mikroskopische Fracht transportieren, dies unter Beteiligung von Rätschen-Mechanismen bewerkstelligen. Erstmals zu Beginn der 1990er Jahre gelang es einem Team von Ingenieuren der Harvard-Universität, Bewegungen des Proteins Kinesin aufzuzeichnen. Es bewegt sich auf zellulären Gleisen in Mikrokanälen und schleppt dabei Lasten, die sein eigenes Gewicht einige Dutzend Mal übertreffen. Seine Bewegungen sind dabei nicht etwa gleichmäßig, sondern vollziehen sich ruckartig mit einzelnen Sprüngen von knapp 10 Nanometer Weite. Eine viel diskutierte Hypothese war und ist es, dass diese Sprünge von einem rätschenartigen Antrieb verursacht werden, dessen Basis ein elektrisches Ladungsprofil in Sägezahnform entlang der Mikrokanäle ist.

Andere Wissenschaftler sehen sogar Gründe, dass biochemisch-elektrische Rätschen selbst für die Entstehung allen Lebens ausschlaggebend gewesen sind. Um zu erklären, wie sich aus dem Teilchengemisch der Ursuppe die für das Leben, wie wir es kennen, benötigten Aminosäuren formiert haben könnten, ohne sogleich wieder zu zerfallen, sind pulsierende Rätschen als Geburtshelfer vorstellbar, die jene auf Unordnung angelegten Prozesse gerade hinreichend zu zügeln vermochten und deren energetisches Potential in Richtung der Bildung komplexer Aminosäuren kanalisierten. Jedenfalls ist es ja eine der Botschaften von Parrondos Zufallsrätsche, dass sich Nettoverluste zu einem effektiven Vorteil verketten lassen, ganz so wie zwei oder mehrere auf die Erzeugung von Unordnung angelegte Prozesse vereinzelt zu einem ordnungstiftenden Prozess fusionieren, und dass Zufallsfluktuationen derartige Mechanismen sogar unterstützen können.

Nach alledem wird deutlich: Parrondos Paradoxon ist größer als das Original allein. Es ist ein opulentes Naturereignis. Ich hoffe, Sie werden es in erfreulicher Erinnerung behalten.

Skurrile Duelle. Unser letztes Beispiel für die Kombination ungünstiger Abläufe zu einer günstigen Gesamtszenerie beschäftigt sich mit dem Duellieren. Ein Duell, hier in einem spielerisch-allgemeinen Sinn aufgefasst, ist eine kontrollierte Massenkonfrontation, bei der n Schützen sich gegenseitig zu eliminieren suchen, bis nur noch einer übrig bleibt. Das Format des Duells sei folgendermaßen festgelegt: Für zum Beispiel n = 3 Duellanten wird zunächst die Reihenfolge 1, 2, 3 ausgelost, dann wird in der Abfolge 1, 2, 3, 1, 2, 3, ... geschossen. Getroffene Duellanten werden übersprungen und jeder Schütze kann sein Ziel frei wählen.

Angenommen, Herr K ist kein guter Schütze. Er trifft sein gewähltes Ziel nur mit Wahrscheinlichkeit 1/2. Außer ihm sind da noch Herr K_1, der ein unfehlbarer Schütze ist und mit Wahrscheinlichkeit 1 trifft, und Herr $K_{4/5}$, der mit seiner Trefferwahrscheinlichkeit von 4/5 ebenfalls Herrn K weit überlegen ist. Diese drei Herren tragen ein Duell aus.

Als Einstieg in die kompliziertere Analyse der Kampfhandlungen zu dritt untersuchen wir ein Zweier-Duell zwischen Herrn K und Herrn K_1. Herr K überlebt nur dann, wenn er den ersten Schuss hat und zusätzlich noch bei diesem Schuss erfolgreich ist. Für beide Ereignisse ist unabhängig voneinander die Wahrscheinlichkeit 1/2 zu verbuchen. Mithin ist die Chance, dass Herr K bei diesem Duell überlebt, gleich 1/4. Keine guten Aussichten für unseren Protagonisten.

Im nächsten Schritt ermitteln wir die Überlebenschancen von Herrn K bei einem Duell mit Herrn $K_{4/5}$. Als Hilfsmittel konstruieren wir das folgende Ablaufdiagramm, bei dem in den kleinen Kreisen steht, welcher der Herren aktuell am Drücker ist.

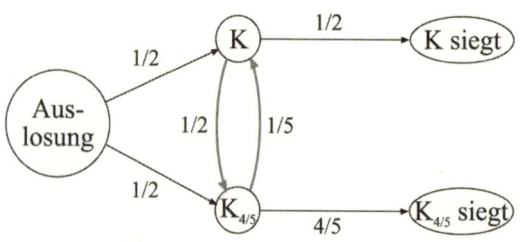

Abbildung 39: Ablaufdiagramm für die Analyse des Duells von K gegen $K_{4/5}$

Die Wahrscheinlichkeiten der verschiedenen Ereignisse sind in diesem Diagramm entlang der Pfade enthalten. Wahrscheinlichkeiten von kombinierten Ereignissen ergeben sich durch Multiplikation der Wahrscheinlichkeiten entlang der zugehörigen Pfade. Das ist die Pfadregel aus der Wahrscheinlichkeitsrechnung.

Zur Analyse setzen wir diese Pfadregel ein, und zwar für die so definierten Ereignisse:

B_0 = Herr K zuerst am Schuss, und er gewinnt mit diesem Schuss.

B_1 = Herr K zuerst am Schuss, dann $K_{4/5}$, dann K, und er gewinnt mit diesem Schuss.

Die Wahrscheinlichkeit von Ereignis B_0 ist

$$\frac{1}{2} \times \frac{1}{2} = \frac{1}{4},$$

die von Ereignis B_1, bei dem die Schleife im Diagramm 39 zwischen den Zuständen K und $K_{4/5}$ genau einmal durchlaufen wird, ist

$$\frac{1}{2} \times \frac{1}{2} \times \frac{1}{5} \times \frac{1}{2} = \frac{1}{4} \times \frac{1}{10}.$$

Die Folge obiger Ereignisse lässt sich leicht erweitern. Bei Ereignis B_i werde die Schleife zwischen den Zuständen K und $K_{4/5}$ genau i-mal durchlaufen. Die Ereignisse B_i für verschiedene i unterscheiden sich voneinander und ihre Vereinigung für alle i = 0, 1, 2, … entspricht dem Ereignis, dass Herr K den ersten Schuss hat *und* das Duell letztendlich gewinnt. Auch kann die Wahrscheinlichkeit von Ereignis B_i leicht ermittelt werden. Sie ist gegeben durch

$$\frac{1}{2} \times \left(\frac{1}{2} \times \frac{1}{5}\right)^i \times \frac{1}{2} = \frac{1}{4} \times \left(\frac{1}{10}\right)^i.$$

Demnach haben wir eine nützliche Teilinformation gewonnen:

P (Herr K schießt zuerst und gewinnt schließlich)

= P (Herr K schießt zuerst und gewinnt mit seinem ersten Schuss)

+ P (Herr K schießt zuerst und gewinnt mit seinem zweiten Schuss)

+ ...

$$= P(B_0) + P(B_1) + P(B_2) + \dots$$

$$= \frac{1}{4} + \frac{1}{4} \times \frac{1}{10} + \frac{1}{4} \times \left(\frac{1}{10}\right)^2 + \dots$$

$$= \frac{1}{4}\left[1 + \frac{1}{10} + \left(\frac{1}{10}\right)^2 + \dots\right]$$

$$= \frac{1}{4} \times 1{,}11 \dots$$

$$= \frac{1}{4} \times \frac{10}{9}$$

$$= \frac{5}{18}.$$

Das ist unser erstes Zwischenstadium.

Die zweite Gruppe von Möglichkeiten, die zum Überleben von Herrn K im Duell mit $K_{4/5}$ führt, wird gebildet von den Ereignissen

$C_0 =$ Herr $K_{4/5}$ zuerst am Schuss, dann K, und K gewinnt mit diesem Schuss.

$C_1 =$ Herr $K_{4/5}$ zuerst am Schuss, dann K, dann $K_{4/5}$, dann K, und K gewinnt mit diesem Schuss.

Beim Ereignis C_1 wird also die Schleife zwischen den Kreisen $K_{4/5}$ und K in Abbildung 39 genau 1-mal durchlaufen. In Verallgemeinerung werde beim Ereignis C_i die Schleife zwischen $K_{4/5}$ und K genau i-mal vollständig durchlaufen.

Es ist offensichtlich

$$P(C_0) = \frac{1}{2} \times \frac{1}{5} \times \frac{1}{2} = \frac{1}{20}$$

und für den allgemeinen Fall mit i Schleifendurchläufen ebenso offensichtlich

$$P(C_i) = \frac{1}{20} \times \left(\frac{1}{10}\right)^i.$$

Analog zum vorhergehenden Verlauf liefert nun die Summe dieser Wahrscheinlichkeiten die Wahrscheinlichkeit P (Herr $K_{4/5}$ schießt zuerst, aber K gewinnt irgendwann) als $P(C_0) + P(C_1) + P(C_2) + ...$

Nach dem Gesagten ist diese Wahrscheinlichkeit

$$= \frac{1}{20} + \frac{1}{20} \times \frac{1}{10} + \frac{1}{20} \times \left(\frac{1}{10}\right)^2 + ...$$

$$= \frac{1}{20}\left[1 + \frac{1}{10} + \left(\frac{1}{10}\right)^2 + ...\right]$$

$$= \frac{1}{20} \times 1{,}11 ...$$

$$= \frac{1}{20} \times \frac{10}{9}$$

$$= \frac{1}{18}.$$

Die gesuchte Wahrscheinlichkeit, dass Herr K im Duell mit Herrn $K_{4/5}$ letztlich siegreich bleibt, ist die Summe der beiden errechneten Wahrscheinlichkeiten 5/18 und 1/18. Herr K gewinnt das Duell also mit einer Wahrscheinlichkeit von

$$\frac{5}{18} + \frac{1}{18} = \frac{6}{18} = \frac{1}{3}.$$

Wir ziehen ein kurzes Zwischenfazit: In beiden Duellen, sowohl gegen K_1 als auch gegen $K_{4/5}$, hat Herr K als schlechtester Schütze erwartungsgemäß die geringsten Überlebenschancen. Bei Weitem! Und wenn er die Duelle nacheinander ausfechten muss, dann ist seine Überlebenschance sogar nur

$$\frac{1}{4} \times \frac{1}{3} = \frac{1}{12}.$$

Das sind 8,5 Prozent.

Triell statt Duell. Nun wird aus dem Duo ein Trio. Betrachten wir die Kombination dieser beiden Duelle, also das Duell aller 3 Personen gleichzeitig nach dem eingangs beschriebenen Format für diesen Dreikampf. Auch hier rechnet man Herrn K keine großen Chancen aus. Es könnte sogar sein, dass seine Trefferschwäche hier noch prononcierter zum Ausdruck kommt. Doch weit gefehlt. Phantastischerweise ist es jetzt gerade unser Herr K, der mit Abstand schlechteste Schütze unter den Teilnehmern, der nun die besten Überlebenschancen hat!!

Ich sehe Sie ungläubig staunen. Aber es ist wirklich so. Damit das so ist, muss sich Herr K natürlich optimal verhalten. Dann sind selbst bei ebenfalls optimalem Verhalten der anderen beiden Herren seine Chancen am besten.

Was aber bedeutet optimales Verhalten?

Optimales Verhalten bedeutet für Herrn K, dass er alles daransetzen muss, selbst am Schuss zu sein, bevor auf ihn geschossen wird. Aber wie kann er das durchsetzen? Seine Überlebenschance hängt am seidenen Faden dieser Frage. Zum Glück ist die Antwort ganz einfach! Gemäß dieser Einsicht wird Herr K, solange K_1 und $K_{4/5}$ beide noch aktiv sind, stets in die Luft feuern, um keinen seiner Gegner zu treffen.

Ja, Sie haben richtig gehört. Denn schösse er auf einen der Herren und träfe, so wäre sein anderer Kontrahent als Nächstes mit einem Schuss auf Herrn K an der Reihe. Schießt Herr K aber in die Luft – und spielt damit vorerst keine Rolle –, werden K_1 und $K_{4/5}$ natürlich, da auch sie sich ja für ihre eigenen Zwecke optimal verhalten, immer wechselseitig aufeinander schießen und nicht auf Herrn K. Sie werden also unter sich ein privates Zweier-Duell austragen, bis einer von beiden eliminiert ist. Danach kommt es zu einem Duell zwischen Herrn K und dem Überlebenden des internen Duells zwischen K_1 und $K_{4/5}$, bei dem Herr K – und das ist der Lohn seiner schlauen Strategie – den ersten Schuss abgeben darf. Auch dieses komplizierte Wechselspiel kann man übersichtlich anhand eines Ablaufdiagramms studieren.

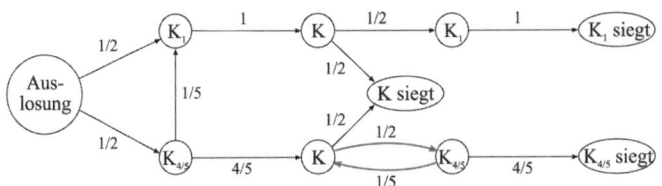

Abbildung 40: Ablaufdiagramm für die Analyse des Triells zwischen K, K_1 und $K_{4/5}$

Die Wahrscheinlichkeit, dass der beste Schütze K_1 überlebt, ist am einfachsten zu ermitteln. Es ist die Summe der Wahrscheinlichkeiten der beiden Ereignisse

$D_0 =$ K_1 schießt zuerst, dann K, dann K_1, und er gewinnt mit diesem Schuss.

$D_1 =$ $K_{4/5}$ schießt zuerst, dann K_1, dann K, dann K_1, und er gewinnt mit diesem Schuss.

Der als unfehlbarer Schütze intuitiv hohe Favorit K_1 besitzt als Summe dieser beiden Wahrscheinlichkeiten

$$\frac{1}{2} \times 1 \times \frac{1}{2} \times 1 + \frac{1}{2} \times \frac{1}{5} \times 1 \times \frac{1}{2} \times 1 = \frac{1}{4} + \frac{1}{20} = \frac{3}{10}$$

die überraschend geringe Überlebenswahrscheinlichkeit von nur 30 %. Damit ist jetzt schon klar, dass mindestens einer der beiden schwächeren Schützen eine größere Siegchance als K_1 haben wird. Und das Paradoxon ist schon da.

Zur genauen Berechnung der Überlebenswahrscheinlichkeit von $K_{4/5}$ definieren wir die Ereignisse

$E_0 =$ $K_{4/5}$ schießt zuerst, dann K, dann $K_{4/5}$, und er gewinnt mit diesem Schuss.

$E_1 =$ $K_{4/5}$ schießt zuerst, dann K, dann $K_{4/5}$, dann K, dann $K_{4/5}$, und er gewinnt mit diesem Schuss.

Allgemeiner sei E_i das Ereignis mit genau i vollständigen Durchläufen durch die Schleife zwischen K und $K_{4/5}$ in Abbildung 40.

Mit der Pfadregel verschaffen wir uns die Wahrscheinlichkeiten

$$P(E_0) = \frac{1}{2} \times \frac{4}{5} \times \frac{1}{2} \times \frac{4}{5} = \frac{4}{25}$$

$$P(E_1) = \frac{1}{2} \times \frac{4}{5} \times \left(\frac{1}{2} \times \frac{1}{5} \right) \times \frac{1}{2} \times \frac{4}{5} = \frac{4}{25} \times \frac{1}{10}$$

und für alle i

$$P(E_i) = \frac{4}{25} \times \left(\frac{1}{10} \right)^i.$$

Die Summe all dieser Wahrscheinlichkeiten $P(E_i)$ *für i = 0, 1, 2, ...*
ist die Überlebenswahrscheinlichkeit $P(K_{4/5}$ *überlebt)*, nämlich

$$= \frac{4}{25} + \frac{4}{25} \times \frac{1}{10} + \frac{4}{25} \times \left(\frac{1}{10} \right)^2 + ...$$

$$= \frac{4}{25} \times \left[1 + \frac{1}{10} + \left(\frac{1}{10} \right)^2 + ... \right]$$

$$= \frac{4}{25} \times 1{,}11 ...$$

$$= \frac{4}{25} \times \frac{10}{9}$$

$$= \frac{8}{45}$$

$$= 0{,}18.$$

Der Schütze $K_{4/5}$ hat damit geringere Überlebenschancen als K_1.
Zwar war das zu erwarten, da er der schlechtere der beiden Schützen ist, doch wir haben schon viele Überraschungen erlebt.

Hier angekommen, erhalten wir die Überlebenswahrscheinlichkeit von Herrn K durch einfache Differenzbildung, da ja die Summe aller Überlebenswahrscheinlichkeiten der Schützen gleich 1 sein muss:

$$P(K_{4/5} \text{ überlebt}) = 1 - P(K_1 \text{ überlebt}) - P(K_{4/5} \text{ überlebt})$$

$$= 1 - \frac{3}{10} - \frac{8}{45} = \frac{47}{90} = 0{,}52.$$

Die Achse des Guten. Herrn K ist es gelungen, die Überlebenswahrscheinlichkeit seiner Konkurrenten auf 18 % und 30 % zu drü-
cken und seine eigene Überlebenswahrscheinlichkeit auf über
50 % anzuheben. Das ist mehr als seine Trefferwahrscheinlichkeit bei jedem einzelnen Schuss. Auch hier ist eine paradoxe
wahrscheinlichkeitstheoretische Gewinnsituation aus zwei Verlustsituationen entstanden – den separaten Zweier-Duellen von
K gegen K_1 und $K_{4/5}$ –, die Herr K durch geschickte Koppelung
erreicht hat. Wie weit kann man Herrn Ks individuelle Trefferwahrscheinlichkeit drosseln, ohne dass er seine Spitzenstellung
bei den Überlebenswahrscheinlichkeiten verliert? Eine interessante Frage, die wir offenlassen. Eine Gelegenheit für Gelegen-
heitsmathematiker.

Vor die Wahl gestellt, nur gegen K_1 bzw. $K_{4/5}$ oder gegen beide
anzutreten, sollte Herr K sich unbedingt beide Gegner gleichzeitig zur Brust nehmen. Viel Feind, viel bessere Chancen.

Doch paradox ist nicht allein das wahrscheinliche Überleben
des Schwächsten in diesem Showdown, sondern auch dessen
optimale Strategie. Um als Schütze in einem Duell nicht unter-
zugehen, muss man schießen. Doch kurioserweise ist es die
stärkste Waffe des schwächsten Schützen in der Eröffnungs-
phase des Triells, de facto gerade nicht auf seine überlegenen
Gegner zu schießen, sondern ganz lässig die Daumen zu drehen
und das genaue Gegenteil dessen zu tun, was eigentlich von ihm
erwartet wird: Tuendes Nichttun oder wu-wei, wie die Chinesen
es nennen. Das ist eine fabelhafte Art der Anwendung des Gegen-
teilsprinzips, die jedem Taoisten das Herz höher schlagen lässt.
Mich als Teilzeit-Taoisten erinnert es an das in der Medizin ge-
bräuchliche Verfahren der *paradoxen Intervention*.

Zen, invers

Die sogenannte paradoxe Intervention ist eine therapeutische Methode, die zum Beispiel bei gravierenden Einschlafstörungen mit großem Erfolg eingesetzt wird. Wenn nichts anderes mehr hilft, landen die von diesen Störungen betroffenen Patienten früher oder später in einem Schlaflabor. Sind sie dann bereits für die Nacht vorbereitet und verkabelt, kann es sein, dass der Therapeut sie noch aufsucht und zu ihnen sagt: «Ich muss mich noch kurz um einen anderen Patienten kümmern, aber ich komme gleich zurück, weil noch eine wichtige Untersuchung an Ihnen vorgenommen werden muss. Schlafen Sie also auf keinen Fall schon ein.» Verlässt der Therapeut dann den Raum, kommt es oft vor, dass schon nach wenigen Minuten die ansonsten von ausgeprägten Einschlafschwierigkeiten geplagten Patienten fest und tief eingeschlafen sind.

IV. Kurioses bei Zufall und Wahrscheinlichkeiten

7. Wenn du selbst eine Bombe mitnimmst, weil zwei Bomben an Bord unwahrscheinlich sind

Der Spieler-Fehlschluss

Wir schreiben den 18. August 1913, Ort des Geschehens ist das weltberühmte Kasino von Monte Carlo. Irgendwann während des Abends würde die Farbe *Schwarz* am Roulettetisch einen historischen Lauf haben. In einer erstaunlichen Stunde erscheint *Schwarz* 26-mal in ununterbrochener Folge. Während der Serie baut sich auf Seiten der Spieler ein immer stärker werdender Run auf die Farbe *Rot* auf, der etwa ab dem fünfzehnten Ausfall *Schwarz* in ein fast panikartiges, nahezu ungezügeltes Setzen auf Rot übergeht. Es ist ein Ausdruck der vorherrschenden Meinung, dass *Rot* nun endlich fällig ist. Unter den Glücksspielern kursiert diese Denkweise als Prinzip der *Maturität der Chancen*. *Rot* ist nun einfach wieder reif, und es wird zunehmend reifer, je länger es ausbleibt. Das ist die Grundlage des sogenannten Spieler-Fehlschlusses. Es genügt hier vorerst, auf dessen verbreitete Existenz aufmerksam zu werden.

Diese Einstellung wird auch vom vielleicht berühmtesten Glücksspieler beschrieben. Es ist *Der Spieler* im gleichnamigen Roman von Fjodor Dostojewski. Im 14. Kapitel des Buches sagt er: «Als die Umstehenden mich fortdauernd auf Rot setzen sahen, riefen sie, das sei sinnlos; Rot sei schon vierzehnmal gekommen.» Und etwas später im selben Kapitel: «Man könnte ja zum Beispiel glauben, dass nach sechzehnmal Rot nun beim siebzehnten Mal sicher Schwarz kommen werde. Auf diese Farbe stürzen sich dann die Neulinge scharenweise, verdoppeln und verdreifachen ihre Einsätze und verlieren in schrecklicher Weise.»[19]

Abbildung 41: «Ich denke, dass er eventuell mit System spielt.» Cartoon von Khan Ham.

Oder nehmen wir ein anderes Beispiel, das in dieselbe Kerbe schlägt. Seit dem 9. Oktober 1955 gibt es in Deutschland das Zahlenlotto *6 aus 49*. Bis zum 23. 10. 2010 gab es 2872 Samstags-Ziehungen. Die absoluten Häufigkeiten, mit denen dabei die 49 Zahlen gezogen wurden, sind in folgender Tabelle zusammengefasst.

1	2	3	4	5	6	7
359	365	369	349	358	373	349

8	9	10	11	12	13	14
323	365	345	356	344	290	333

15	16	17	18	19	20	21
332	329	359	355	349	337	366

22	23	24	25	26	27	28
356	329	347	361	373	365	324

29	30	31	32	33	34	35
343	341	362	387	365	325	355

36	37	38	39	40	41	42
368	355	379	358	353	358	367

43	44	45	46	47	48	49
356	342	313	339	342	366	404

Tabelle 14: Ziehungshäufigkeiten der Zahlen im Lotto *6 aus 49* nach 2872 Ziehungen

Die 13 ist demnach mit nur 290 Ziehungen die bislang am wenigsten häufig gezogene Zahl. Es gibt Lottospieler, die aus diesem Grund gerne die 13 tippen. Auch eine andere Statistik wird von manchen Lottospielern bemüht. Die sechs Zahlen, die aktuell am längsten nicht mehr gezogen wurden, sind hier mit letztem Ziehungsdatum erfasst:

Zahl	zuletzt gezogen
38	17.04.10
16	08.05.10
10	15.05.10
7	17.06.10
42	10.07.10
36	17.07.10

Tabelle 15: Die sechs am längsten nicht mehr gezogenen Lottozahlen, Stand: 23. 10. 2010

Und so wird man für die darauffolgende Woche wieder eine große Zahl von Tippreihen mit den Zahlen 38, 16, 10, 7, 42, 36 erwarten können. Auch hier liegt der Grund der Beliebtheit dieser Zahlen in der Annahme, dass diese nun überfällig seien.

Die beschriebenen Vorstellungen, beim Roulette und beim Lotto, sind falsch. Der Zufall verhält sich nicht so. Es handelt sich um zwei analoge Varianten des Spieler-Fehlschlusses. Er begegnet uns nicht nur im Spiel mit dem Glück beim Lotto und anderen Zufallsspielen, vielmehr tritt er bei jeglichen zufallsbestimmten Vorgängen potentiell in Erscheinung. Mit einfachen Worten lässt er sich so ausdrücken:

Spieler-Fehlschluss: der Glaube daran, dass das Eintreten eines zufälligen Ereignisses wahrscheinlicher wird, wenn es längere Zeit nicht eingetreten ist.

Das ist eine sehr gängige Denkweise. Es handelt sich aber um eine Denkfalle.

Diese Denkfalle wurde erst spät als solche erkannt, erstmals zu Beginn des 19. Jahrhunderts von einem französischen Adligen: Dem Gigantotheoretiker Marquis Pierre-Simon de Laplace (1749–1827), Erst- und Meisterdenker dieser Gedanken als einer frühen Seinsform der modernen Wahrscheinlichkeitstheorie, erwähnt sie 1814 in seinem *Essai philosophiques sur les probabilités.*[20] In weiten Teilen dieser Schrift setzt sich Laplace mit Beurteilungsfehlern und quantitativen Fehlbefunden auseinander. Es gibt darin sogar einen reichhaltigen Abschnitt unter dem Titel *Fehlschlüsse bei der Schätzung von Wahrscheinlichkeiten.* In diesem Abschnitt begegnen wir dem ersten publizierten Hinweis auf das, was heute als Trugschluss des Spielers oder Spieler-Fehlschluss bezeichnet wird: «Ich habe Männer gesehen, welche sehnlich wünschten, einen Sohn zu haben, und denen es deshalb unangenehm war, wenn in dem Monate, in welchem sie Vater werden sollten, Knaben geboren wurden. Sie bildeten sich ein, das Verhältnis der männlichen Geburten zu den weiblichen müsste am Ende jedes Monats dasselbe sein, und glaubten daher, die schon geborenen Knaben machten es wahrscheinlicher, dass die nächsten Geburten Mädchen bringen würden; so wie das Herausziehen einer weißen Kugel aus einer Urne, die eine begrenzte Anzahl weißer und schwarzer Kugeln in einem gegebenen Verhältnisse enthält, die Wahrscheinlichkeit vermehrt, bei dem folgenden Male eine schwarze Kugel herauszuziehen.»

Es ist eine Zeit, als für die mathematischen Forscher das Problem einer quantitativen Erfassung des Zufalls noch den Anschein einer unheimlichen Größe hatte.

Heideggereien

Nur der Entschlossenheit kann das aus der Mit- und Umwelt zu-fallen, was wir Zufälle nennen.

Martin Heidegger, Sein und Zeit

Schon Laplace durchschaute den Spieler-Fehlschluss als Irrtum. Aber warum ist er das?

Grundlage dieses Denkfehlers ist eine falsche Auffassung vom *Gesetz der großen Zahlen* aus der Wahrscheinlichkeitstheorie. Dieses auch in der Umgangssprache namentlich bekannte mathematische Theorem besagt, dass in zahlreichen unabhängigen Wiederholungen eines Zufallsvorgangs die relative Häufigkeit eines gegebenen Ereignisses der Wahrscheinlichkeit dieses Ereignisses langfristig immer näher kommt. Wenn man also ein Zufallsexperiment sehr oft durchführt, dann nähern sich die Anteile der einzelnen möglichen Ereignisse des Experiments ihren theoretischen Mittelwerten an. Dieses Gesetz gilt für das Ereignis «Kopf wird geworfen» beim Münzwurf ebenso wie für das Ereignis «17 wird gezogen» beim Lotto oder das Ereignis «Mädchen wird geboren» beim Geschlecht eines Kindes. Was den letzten Fall betrifft: Die Stabilisierung der relativen Häufigkeiten lässt sich sehr schön an realen Geburtsdaten demonstrieren. Tabelle 16 und das nachfolgende Diagramm zeigen das Gesetz der großen Zahlen in Aktion für den Anteil der Mädchengeburten in der Bundesrepublik (Ost- und Westdeutschland seit 1991) im Zeitraum von 1970 bis 1999.

Jahr	Anzahl der Mädchengeburten	Gesamtzahl der Lebendgeburten
1970	509 815	1 047 737
1971	492 035	1 013 396
1972	438 185	901 657
1973	397 070	815 969
1974	391 990	805 500
1975	379 520	782 310
1976	388 585	798 334
1977	390 847	805 496
1978	392 753	808 619
1979	397 627	817 217
1980	421 641	865 789
1981	419 560	862 100
1982	418 516	861 275
1983	402 494	827 933
1984	395 045	812 292
1985	396 555	813 803
1986	413 331	848 232
1987	421 298	867 969
1988	433 942	892 993
1989	428 873	880 459
1990	440 296	905 675
1991	403 921	830 019
1992	394 307	809 114
1993	388 376	798 447
1994	373 734	769 603
1995	372 492	765 221
1996	386 800	796 013
1997	395 167	812 173
1998	382 169	785 034
1999	374 448	770 744

Tabelle 16: Anzahl der Mädchengeburten unter der Gesamtzahl der Lebendgeburten in der Bundesrepublik (Ost- und Westdeutschland seit 1991) im Zeitraum von 1970 bis 1999

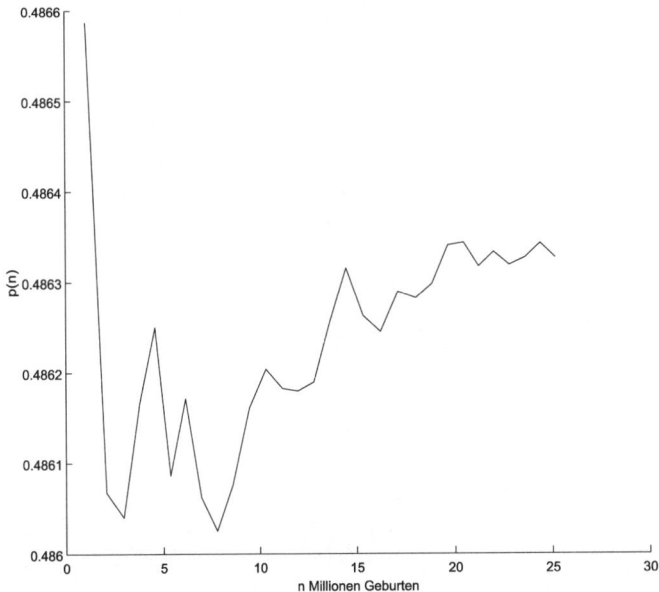

Abbildung 42: Anteil der Mädchengeburten mit zunehmender Geburtenzahl, basierend auf den Daten in Tabelle 16

Die Wahrscheinlichkeit für eine Mädchengeburt in der Bundesrepublik und in allen untersuchten Ländern beträgt nur ungefähr, aber nicht exakt 1/2. Genauer liegt der Wert bei etwa 0,486. Der biologische Grund ist darin zu sehen, dass Frauen zwei X-Chromosome besitzen und Männer ein X- und ein Y-Chromosom. Damit ein weiblicher Embryo entsteht, muss ein Spermium mit X-Chromosom den Wettlauf zur Eizelle gewinnen. Doch jene Spermien, die ein X-Chromosom des Mannes transportieren, sind etwas langsamer als solche, die das Y-Chromosom transportieren: Ein X-Chromosom ist im Vergleich geringfügig schwerer.

Noch klassischer lässt sich die Annäherung relativer Häufigkeiten an theoretische Erwartungswerte mit langen Münzwurfserien veranschaulichen. Wenn eine völlig symmetrische Münze immer und immer wieder geworfen wird, so nähert sich die beobachtete *relative* Häufigkeit der Kopfwürfe der theoretischen Wahrscheinlichkeit von 1/2 beliebig genau an.

Um den Spieler-Fehlschluss zu verstehen, ist es jetzt nötig, in der eingeschlagenen Richtung noch etwas weiter zu denken. Das Bisherige ist für diesen Zweck zunächst nur ein Halbfabrikat, das noch vervollständigt werden muss. Dabei ist es vorschnell und, wie sich herausstellen wird, auch falsch, aus der langfristigen Stabilisierung relativer Häufigkeiten zu schließen, dass damit auch die *absolute* Anzahl der Kopfwürfe langfristig der Hälfte der Wurfzahl immer näher kommt. Würde dies in der Wirklichkeit generell so eintreten, wäre der Spieler-Fehlschluss nicht irrig, sondern eine ganz und gar korrekte Schlussfolgerung. Tatsächlich ist aber gerade das Gegenteil richtig: Der Unterschied zwischen der *absoluten* Anzahl der aufgetretenen Kopfwürfe und deren theoretisch erwarteter Anzahl (also der Hälfte aller Würfe) wird mit zunehmender Wurfzahl immer größer werden, während gleichzeitig die *relative* Häufigkeit der Kopfwürfe sich der Wahrscheinlichkeit 1/2 immer mehr annähert.

Das scheint paradox. Und ist es vielleicht beim ersten Nachdenken auch. Doch lassen wir die Münze einmal für sich selbst sprechen. Sie wird uns dies bestätigen. Ich habe an einem regnerischen Nachmittag eine Münze 200-mal geworfen und über die Entwicklung der Kopfwürfe Buch geführt. Die Entwicklungsstufen dieser willkürlichen Zufallsinstallation sind in Tabelle 17 festgehalten.

Trotz der Kürze der Münzwurfserie demonstrieren die Zahlen sehr schön, dass die absoluten Abweichungen der Anzahl der Kopfwürfe von der halben Wurfzahl, von Schwankungen abgesehen, zu größer werdenden Zahlen tendieren, während die relativen Häufigkeiten gleichzeitig dem theoretischen Wert 1/2 näher kommen und die Abweichungen davon kleiner werden. Es ist keine Besonderheit dieses speziellen Münzwurfexperimentes, sondern verallgemeinerungsfähig. Der Prozess der fortlaufend berechneten *absoluten* Häufigkeiten eines Ereignisses ist also nicht in dem Sinne selbstkorrigierend, dass eine Tendenz hin

Nach n Würfen	Anzahl der Kopfwürfe	Abweichung von n/2	Relative Häufigkeit der Kopfwürfe	Abweichung von 0,5
20	14	4	0,7	0,2
40	26	6	0,65	0,15
60	36	6	0,6	0,1
80	47	7	0,5875	0,0875
100	56	6	0,56	0,06
120	66	6	0,55	0,05
140	77	7	0,55	0,05
160	89	9	0,55625	0,05625
180	100	10	0,5556	0,0556
200	111	11	0,555	0,055

Tabelle 17: Ergebnis einer Münzwurfserie der Länge 200

zum Erwartungswert besteht. Genau das aber müsste gelten, wollte der Spieler-Fehlschluss nicht ein solcher sein, sondern vielmehr eine gültige Schlussfolgerung. Die Tendenz zur Annäherung an den Erwartungswert ist nur bei den *relativen* Häufigkeiten eines Ereignisses gegeben. Man kann es auch so sagen: Beim Spieler-Fehlschluss wird das Verhalten von *absoluten* und *relativen* Häufigkeiten verwechselt.

Aus prozeduraler Sicht lässt sich unsere Behandlung des Themas als Mehrphasenprozess verstehen. In der nun folgenden Phase bemühen wir den Computer. Noch deutlicher werden Annäherung und Nichtannäherung in einer Computersimulation, die für drei Münzwurfserien von jeweils 1000 Würfen den Verlauf der relativen Häufigkeiten zeigt.

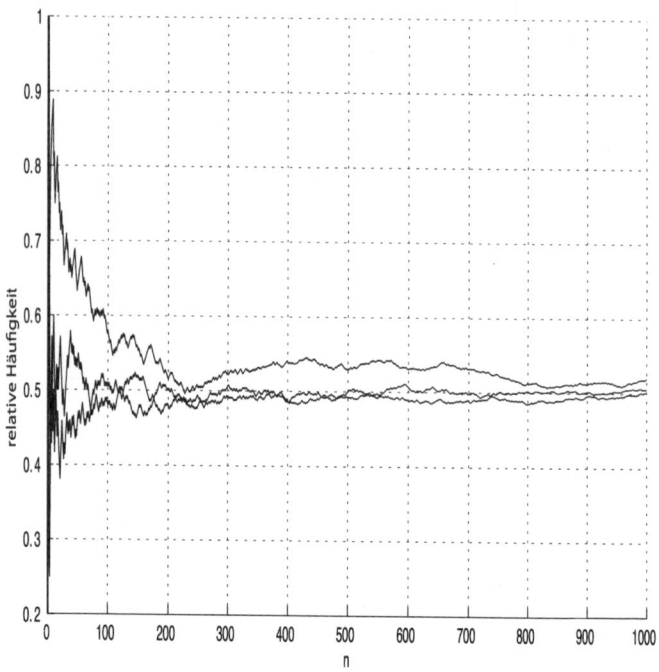

Abbildung 43: Drei vom Computer simulierte Münzwurffolgen mit jeweils 1000 Würfen

Bei der zuoberst verlaufenden Kurve und deren zugehöriger Münzwurfserie gab es unter den ersten 100 Würfen genau 57 Kopfwürfe, unter den ersten 500 dann 268 und nach 1000 Würfen insgesamt 525 Kopfwürfe. Die absoluten Abweichungen vom Mittelwert sind also 7, 18, 25 Würfe, während gleichzeitig die zugehörige Folge der relativen Häufigkeiten (0,57 und 0,536 und 0,525) in ihren Abweichungen von 0,5 abnimmt. Das hier entscheidende konträre Verhalten von absoluten und relativen Häufigkeiten können wir auch geometrisch-anschaulich verdeutlichen.

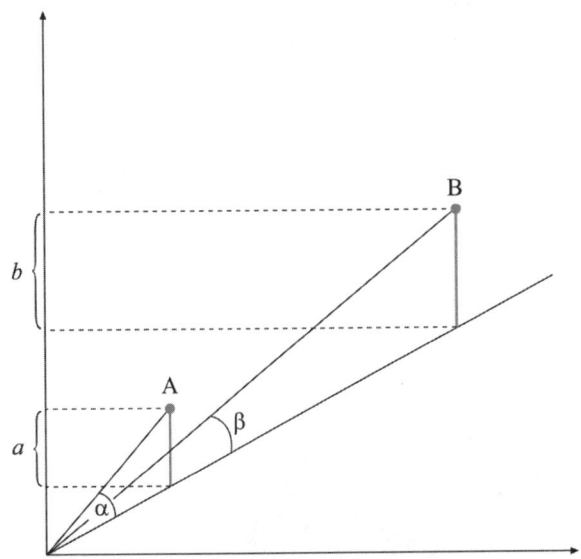

Abbildung 44:[21] Absolute und relative Abstände vom theoretischen Mittel

Das Diagramm 44 ist instruktiv, versinnbildlicht es doch ganz nachhaltig, dass und wie beim Verlauf der Häufigkeiten eine Zunahme des absoluten Abstands vom Mittel (denn es ist $b > a$) bei gleichzeitiger Abnahme des relativen Abstands vom Mittel möglich ist, hier gemessen durch einen aussagefähigen Winkel (denn es ist $\alpha > \beta$). Es ist ein eingängiges Bild mit denkstrukturell scharf profilierter Gestalt, ein kognitiver Blickfang.

Dem Spieler-Fehlschluss begegnet man in vielen Situationen des täglichen Lebens. Er hat auch einen kurzen Auftritt in dem Bestseller-Roman *Garp und wie er die Welt sah* von John Irving. Nachdem ein Kleinflugzeug in das Haus kracht, das Garp und seine Frau sich gerade wegen eines möglichen Kaufs ansehen, kommentiert der Titelheld dieses Malheur so: «Wir nehmen das Haus, Schatz. Die Wahrscheinlichkeit, dass noch ein weiteres Flugzeug irgendwann in dieses Haus kracht, ist astronomisch gering. Es hat schon seine Desaster-Erfahrung. Wir werden hier sicher sein.»

145

"Damocles, it says here that 95% of all accidents occur in the home. Duh!"

Abbildung 45: «Damokles, hier steht, dass 95 % aller Unfälle zu Hause passieren.» Cartoon von Andrew Toos.

Der Spieler-Fehlschluss steht in enger Beziehung mit einem anderen Denkfehler, den wir als Persistenz-Fehlschluss bezeichnen wollen. Es sind zwei entgegengesetzte Missverständnisse über das Verhalten des Zufalls. Angenommen, eine symmetrische Münze wird geworfen und zeigt dreimal *Kopf* (KKK). Der Spieler-Fehlschluss besteht dann in der Annahme, dass für den nächsten Wurf der Münze die Wahrscheinlichkeit für *Zahl* gestiegen ist und also größer als 1/2 ist. Die gegenteilige Sicht, nämlich der Glaube daran, dass *Kopf* gerade eine Glückssträhne hat und wegen dieses Laufes nun auch die Wahrscheinlichkeit für einen weiteren Kopfwurf größer als 1/2 sein muss, ist der Persistenz-Fehlschluss. Beide Denkweisen sind falsch.

Die Tatsache, dass Menschen aufgrund derselben Informationslage (hier drei aufeinanderfolgender Kopfwürfe) konträre Erwartungen bezüglich des nächsten Wurfs an den Tag legen, also einige wegen des Spieler-Fehlschlusses eher einen Ausfall *Zahl* erwarten und andere wegen des Persistenz-Fehlschlusses eher einen Ausfall *Kopf*, ist seit Jahren Thema in der psychologischen Forschung über Auffassungen von Zufälligkeit. Viele Fragen wurden in diesem Kontext untersucht. Einige wollen wir referieren.

Wie verbreitet sind diese Fehlschlüsse?

Die Wissenschaftler Altmann, Falk und Marklein sind dieser Frage 2009 mit einer repräsentativen Stichprobe für die deutsche Gesamtbevölkerung nachgegangen. Jedem von rund 1000 repräsentativ ausgewählten Teilnehmern wurde diese Frage zur Schätzung einer Wahrscheinlichkeit vorgelegt:

Nehmen Sie an, Sie werfen eine Münze, die gleichmäßig auf die eine oder die andere Seite fällt. Nach acht Würfen beobachten Sie folgendes Ergebnis: Zahl-Zahl-Zahl-Kopf-Zahl-Kopf-Kopf-Kopf. Wie hoch ist die Wahrscheinlichkeit, ausgedrückt in Prozent, dass der nächste Wurf «Zahl» ist?

Die richtige Antwort lautet 50 %. Begeht man aber den Spieler-Fehlschluss, so antwortet man «Mehr als 50 %», weil die Wurfserie mit dreimal *Kopf* endet, was in der Folge *Zahl* vermeintlich wahrscheinlicher macht. Denkt man aber in Richtung des Persistenz-Fehlschlusses, so antwortet man «Weniger als 50 %», da Kopf gerade einen Lauf hat und ihn vermeintlich fortsetzen wird. Insgesamt ergab sich in der erwähnten Studie folgendes Antwortprofil:

Persis-tenz-Fehl-schluss	Richtige Antwort	Spieler-Fehl-schluss	Ich weiß nicht	Gesamt
87	596	208	95	986
8,8 %	60,4 %	21,1 %	9,6 %	100,0 %

Tabelle 18: Klassifikation der Antworten bei obigem Schätzproblem, 986 Versuchsteilnehmer

Daraus abgeleitet, mag man erstens konstatieren, dass etwa 40 % aller Befragten nicht in der Lage sind, die gestellte Frage richtig zu beantworten. Und zweitens: Unter den Befragten, die einen Fehler begehen, ist der Spieler-Fehlschluss mit 70 % der am häufigsten begangene Fehler, 208 von 295 falschen Antworten können so interpretiert werden.

Das je individuelle Verständnis oder Missverständnis des Zufalls reicht allein nicht aus, um das Verhalten von Menschen angesichts von Zufallsvorgängen zu erklären. Nach Untersuchungen von Wagenaar und Keren im Jahr 1988 führen viele Glücksspieler ihre Spielergebnisse nicht nur auf das Wirken des Zufalls zurück, sondern auch auf die davon unterschiedenen Variablen *Glück* und *Pech*, die sich nach ihrer Meinung mit variierenden Stärkeausprägungen einbringen. Zwar seien sich die meisten Spieler durchaus bewusst, dass die Wahrscheinlichkeiten am Spieltisch zu ihren eigenen Ungunsten und zugunsten des Kasinos stehen, sie glauben aber dennoch, dass über den Zufall und seine Schwankungen hinaus die Effekte Glück oder Pech hinzukommen und es vielmehr diese sind, die letztlich über ihr Geschick am Spieltisch entscheiden. Beide Effekte produzieren nach Sicht vieler Spieler zum Beispiel ausgeprägtere Gewinnsträhnen oder Verluststrähnen, als es der Zufall allein tun würde. Wenn Glück involviert ist, steigt nach ihrem subjektiven Dafürhalten die Wahrscheinlichkeit für einen Gewinn beim nächsten Spiel an, bei Pech fällt sie entsprechend ab.

Abbildung 46: «Glücksbringer nur 1,00 Euro». Cartoon von Jackson Graham.

Zudem haben viele Menschen nach einer längeren Pechsträhne aufgrund einer diffusen Fairnessvermutung gegenüber dem Schicksal eine gefühlte Vorahnung, ja gespannte Erwartung in Bezug auf nunmehr anstehendes Glück. Werden sie dann aber weiterhin mit Verlusten konfrontiert, wird diese Haltung nicht etwa aufgegeben, sondern im Gegenteil noch verstärkt, was sich psychologisch oft zu dem Zwang steigert, man müsse jetzt erst recht und unbedingt weitermachen und bei einem Glücksspiel sogar den Einsatz erhöhen.

Es ist aufschlussreich, der erwähnten Beziehung zwischen langen Strähnen und dem vermuteten Faktor Glück etwas detaillierter nachzugehen. Zeigt man Menschen, die dem Glücksspiel zugeneigt sind, rein zufällig ausgeworfene, längere Münzwurfserien, sind sie in der Regel überrascht von den vielen subjektiv recht langen Läufen gleichartiger Ausfälle. Obwohl manche Glücksspieler sehr viel Zeit mit Glücksspielen verbracht haben, entwickeln einige offenbar kein quantitativ zutreffendes Gespür für Zufallsschwankungen, für Aufbau und Zerfall von Mustern in Zufallsfolgen.

Bisweilen mache ich in meiner Vorlesung über Wahrscheinlichkeitstheorie ein Experiment: Zwei Freiwillige unter den

Hörern erhalten folgende Aufgabe: Während ich den Hörsaal verlasse, soll einer der beiden eine Münze 200-mal werfen und das Ergebnis an der Tafel notieren. Ein anderer erhält den Auftrag, eine zufällig aussehende Münzwurffolge derselben Länge nach und nach im Kopf zu erzeugen und ebenfalls an die Tafel zu schreiben. Hier ist ein solches Ergebnis, zwei Münzwurffolgen der Länge 200.

Folge 1:

KZKKKKKKKZZZZKKKZKKKZZZKKKKZKKKZKZKKKKKZZ
ZKKKKKKZKZKKKZKZKKKKKZKKZZZZZKZKZZZZKKKKZ
ZKKKZZZZZKZZZZZKKZZKZKZKZKKKKZZZKKZKKZZZKKK
ZZKKZZKZKKZKZKKZKZZZZKZZKZZZKZKZKZKKZKK
KZKKZZZKKKZKKKKKKZKZZKKZZZKZKKKKZKKKKZKZ

Folge 2:

KKZKZZKKKKZZZKZKKZZZKZKKZZZZZKKZKZKKKZKZZZ
KKZKZZKZKKZKZZKZKKKKKZZKZZKZKKKZZKZKZZ
ZKZKZZZKKKKZZKKKZZZKKKZKKKKKZZKZKKZZZKZKKZ
KZKZZZKKZZZZZKKKZZKKKZZZZKKZZZZKKZZKZKZK
KKKKZZKKZZZKZKZKZKKZKZKKKKZZKZZZZZKZZKKKZZ

Dann komme ich zurück und errate, welche die mit der Münze ausgeworfene und welche die mit dem Kopf ausgedachte Folge ist. Wie würden Sie angesichts der obigen Münzwurffolgen entscheiden?

In den allermeisten Fällen gelingt es mir nach kurzer Inspektion der beiden Folgen, die Unterscheidung zu treffen. Mein Kriterium ist denkbar einfach. Die ausgeworfene Zufallsfolge hat eine recht große Wahrscheinlichkeit (genau 0,8), ein Teilstück von mindestens sechsmal hintereinander *Kopf* oder *Zahl* zu enthalten, während Menschen, die zufallsartige Folgen ohne Hilfsmittel im Kopf konstruieren sollen, sich in der Regel scheuen, ein so langes homogenes Teilstück zu bilden. Die meisten Menschen haben die Neigung, zu wenig und zu kurze Cluster einzubauen, wenn man sie auffordert, selbst als mentaler Zufallsgenerator zu fungieren. Zunächst und zumeist bedeutet das: Die gedachte Folge wird kein Teilstück mit sechsmal Kopf oder Zahl enthalten, die geworfene Folge aber schon. Lange Serien dieser Art sind Alleinstellungsmerkmale realer Folgen. So kann man zwischen ihnen unterscheiden. Im obigen Fall ist die erste Folge real und die zweite Folge ausgedacht.

Die meisten Menschen sehen den Zufall zwar als unvorhersehbar, aber im Wesentlichen doch als ausgewogen an: Sie denken, dass bei sehr häufigem Werfen einer Münze ungefähr je 50 % der Würfe mit Kopf und Zahl enden. Und das ist auch richtig. Das Gesetz der großen Zahl garantiert das. Doch die meisten Menschen erwarten darüber hinaus, dass auch kurze Folgen von Münzwürfen annähernd fair in diesem Sinne sind. Mehrheitlich denken sie, dass Zufallskonstrukte wie Stichproben, Münzwurffolgen, Roulettezahlenreihen und andere, nicht nur global die Charakteristik der Grundgesamtheit oder des erzeugenden Zufallsmechanismus widerspiegeln, sondern auch lokal. Dies scheint der Grund zu sein, warum Menschen, die gebeten werden, Münzwurffolgen ohne Münze im Kopf zu simulieren, zu viele kurze Segmente gleichartiger Ausfälle erzeugen und keine oder nur wenige längere Segmente, die man zu sehr als unzufällig und eher als systematisch empfindet. Zufallsfolgen, die lokal repräsentativ sind in diesem Sinne, würden aber ureigenen Gesetzen des Zufalls widersprechen. Denn auch der Zufall ist ja nicht regellos, selbst er hat seine Gesetze, wie schon Novalis formuliert hat. Ein Glaube an die absolute Regellosigkeit der Zufallserscheinungen ist eine irrige Intuition über das Zufallsgeschehen.

Die Einstellung zu längeren einförmigen Serien mag durch die folgende Überlegung zumindest teilweise erklärt werden: Nach einer Münzwurfsequenz KKK sind beide Ausfälle, K bzw. Z, im nächsten Versuch gleich wahrscheinlich. Dennoch haben die Sequenzen KKKZ und KKKK ganz unterschiedliche Eigenschaften. Im Mittel muss man 30 Würfe warten, wenn man beginnt, eine Münze zu werfen, bis erstmals KKKK erscheint, aber nur 16

Würfe, bis man erstmals KKKZ sieht, obwohl beide Muster aus vier Symbolen bestehen. KKKK (sowie das entsprechende ZZZZ) sind in Bezug auf Wartezeiten unter allen viergliedrigen Mustern maximal, und KKKZ (sowie ZZZK) sind minimal, sogar von noch geringerer Wartezeit als die Muster KKZK (Wartezeit 18 Würfe) oder KZKZ (Wartezeit 20 Würfe). Das mag ein Grund dafür sein, warum reine Kopf-oder-Zahl-Strähnen KKKK bzw. ZZZZ in der Vorstellung und Wahrnehmung mancher Menschen weniger stark vertreten sind als Serien wie KKKZ und Erstere deshalb eher außergewöhnlich und für das Zufallsgeschehen weniger typisch erscheinen als Letztere.

Wahrheit und Wahrscheinlichkeit

Mein Kollege hat mir gestern zugesagt: «Mit 99%iger Wahrscheinlichkeit komme ich morgen zur Besprechung.» Er kam aber nicht. Hat er mich belogen?

Zufall und Zufälligkeiten sind Allerweltsphänomene. Sie begegnen uns kreuz und quer auf Schritt und Tritt. Die rationale Einstellung, die jemand gegenüber dem Zufall hegt, kann seine Verhaltensweisen stark beeinflussen. Besonders betroffen ist davon die Einschätzung der zuvor angesprochenen Muster homogener Ausfälle. Um nur einen von vielen Bereichen zu nennen: Im Wirtschaftsgeschehen etwa sind derartige Muster besonders häufig. Viele Aspekte, Phänomene und Kenngrößen im ökonomischen Bereich zeigen in ihrem Verlauf ausgeprägte Strähnen gleichartiger Ereignisse. Zudem wissen wir ja bereits, dass Menschen auf gleichförmige Episoden in Zufallsabläufen reagieren. Sie setzen sich dazu in ein Verhältnis (zum Beispiel Spieler-Fehlschluss, Persistenz-Fehlschluss) und passen ihr Verhalten an. Man könnte Aktien als ein Paradebeispiel herausgreifen. Nicht wenige Menschen haben sehr viel Zeit des Nachdenkens darauf verwendet, Aktienkursverläufe zu verstehen und intellektuell zu durchdringen. Die Technik der Mustererkennung im Kursverlauf mit dem Ziel des Aufspürens günstiger Strähnen ist in der Aktienkunde unter dem Begriff Chart-Analyse oder Technische Analyse bekannt. Jegadeesh und Titman haben 2001 in diesem Zusammenhang ermittelt, dass es in Analogie zum verbreiteten Glauben an das Hot-Hand-Phänomen bei Basketball-Spielern, der davon ausgeht, ein Spieler habe im Anschluss an zwei oder drei vorherige Treffer bei seinem nächsten Wurf eine höhere Trefferwahrscheinlichkeit, unter Portfolio-Managern und Analysten einen entsprechenden Glauben an positive und negative Läufe bei Aktienkursen gibt.

Denkverzerrungen wie der Persistenz- oder der Spieler-Fehlschluss können alle Situationen systematisch beeinflussen, in denen Entscheider mit vorausgehenden Serien eines Typs konfrontiert sind. Man kann sich etwa einen Arbeitsuchenden vorstellen und eine lange Serie von Absagen, die dieser auf Bewerbungen hin erhalten hat. Er muss entscheiden, ob er den Bewerbungsprozess fortsetzt oder sich vielleicht lieber umschulen lässt, um anderswo auf mehr Erfolg zu hoffen. Der Spieler-Fehlschluss kann hier sogar als mentaler Aktivposten fungieren und beim Arbeitsuchenden dazu führen, dass aufgrund dieser Art des Denkens an ausgleichende Gerechtigkeit er mit einem gewissen Optimismus an ein baldiges Ende der Absagen glaubt und daraus Kraft für weitere Bewerbungen schöpft.

Bei Bewerbern, die dem Persistenz-Fehlschluss anhängen, besteht die Gefahr eines sich selbst verstärkenden Pessimismus durch serienmäßige Negativerfahrungen. Diese Bewerber würden eher erwarten, dass nach einer Reihe von Absagen die Wahrscheinlichkeit für weitere Absagen steigt. Die bereits erwähnten Untersuchungen von Altmann, Falk und Marklein aus dem Jahr 2009 haben in der Tat ergeben, dass der Anteil von Langzeitarbeitslosen unter Probanden, die den Persistenz-Fehlschluss begehen, statistisch überzufällig erhöht ist.

Verurteilung gleich Straftat-Ermutigung? Ein Beispiel von einem ganz anderen psychologischen Terrain sei auch noch erwähnt. Ein Forscherteam unter Beteiligung der beiden Kriminologen Alex Piquero und Greg Pogarsky hat sich in einer Studie[22] mit der Psychologie von Mehrfachstraftätern beschäftigt. Die Wissenschaftler machten in deren psychologisch-kognitiver Ausstattung eine Art von Spieler-Fehlschluss aus: Ähnlich wie Kasinospieler, die nach mehreren Verlusten davon ausgehen, dass das Glück ihnen nun eine günstige Fortsetzung bringen werde, denken viele Kriminelle nach Überführung, Verurteilung und Bestrafung, dass die Gefahr, entdeckt zu werden, bei der nächsten Straftat gering und das Glück auf ihrer Seite sein müsse, weil «der Blitz nie zweimal an derselben Stelle einschlägt». Manche Kriminelle neigen eher zur Ausübung einer Straftat, wenn sie die Risiken, entdeckt zu werden, als gering einschätzen. Und das tun viele von ihnen überraschenderweise gerade dann, wenn sie schon einmal oder gar mehrfach verurteilt worden sind. «Nachdem man in der Vergangenheit wegen einer Straftat belangt worden ist, betrachtet man die Chancen, dass dies abermals geschieht, als reduziert», so Piquero und Pogarsky.

Fühlen Sie sich durch die Eigenschaften des Zufalls schon leidlich in Konfusion versetzt? Um die Verwirrung vollständig zu machen: Es gibt Kontexte, in denen Verhaltensweisen im Sinne des Spieler-Fehlschlusses gar nicht fehlerhaft sind oder zumindest keine gravierenden Negativfolgen haben. Rechnet man bei bestimmten Zufallsvorgängen nach einer Serie von Ausgängen eines Typs A eher damit, dass anschließend ein Ausgang anderen Typs B kommt, kann das tatsächlich optimal sein. Wenn es sich wirklich um einen Vorgang handelt, der bestimmte in der Realität auch häufig vorkommende Abhängigkeitsstrukturen unter den einzelnen Versuchen aufweist, dann ist es tatsächlich vorteilhafter, nach einer beobachteten Serie von deren Ende auszugehen. Stehe ich an einer Bahnschranke und warte auf das Ende eines vorbeifahrenden Zuges, wird es mit jedem vorbeifahrenden Waggon wahrscheinlicher, dass das Schlusslicht des Zuges auftaucht.

Und selbst wenn es sich in Wirklichkeit um einen reinen Zufallsprozess handelt, bei dem die Versuche voneinander unabhängig und die Ausgänge gleich wahrscheinlich sind, dann ist als Nächstes B immerhin genauso wahrscheinlich wie A. Man kann also zu gleichen Teilen mit A oder B rechnen und sowohl das eine wie auch das andere prognostizieren. Neige ich hier zum Spieler-Fehlschluss und prognostiziere nach einer Serie von A-Ereignissen deren Ende, dann ist das zwar ein Denkfehler, aber ein Handlungsfehler ist es nicht.

Oder betrachten wir einen Stapel Spielkarten, der verdeckt auf dem Tisch liegt, und heben nacheinander Karten ab. Wir sollen jeweils vorhersagen, ob es sich bei der nächsten Karte um eine rote Herz- oder Karo-Karte handelt oder um eine schwarze Kreuz- oder Pik-Karte!

Die erste Karte ist mit Wahrscheinlichkeit 0,5 *Rot*, denn anfangs finden sich je 26 rote und schwarze Karten im Deck. Wenn aber nun die erste Karte *Rot* war, dann ist die Wahrscheinlichkeit, dass auch die zweite Karte *Rot* sein wird, mit $25/51 = 0,49$ etwas geringer. Das liegt daran, dass eine rote Karte das Deck verlassen hat und nur noch 25 rote unter den verbleibenden 51 Karten anzutreffen sind.

Waren die ersten beiden Karten *Rot*, dann beträgt die Wahrscheinlichkeit für eine weitere rote Karte sogar nur noch $24/50 = 0,48$. Und so geht es kontinuierlich weiter bergab für die Wahrscheinlichkeit einer roten Karte als nächstgezogene, wenn wir mit einer länger werdenden *Rot*-Folge beginnen. Es ist also günstig, nach einer Anfangsserie beliebiger Länge einer Farbe stets auf das Ende der Serie zu setzen. Das ist immer so bei Prozessen mit einer Art von Abhängigkeitsstruktur, wie man sie generell beim Ziehen von Stichproben ohne Zurücklegen aus einer endlichen Grundgesamtheit antrifft: Aus einem festen endlichen Pool von möglichen Ausfällen wird dabei gezogen, wobei dieser Pool sich beim Ziehen beständig reduziert. Unter diesen Rahmenbedingungen ist das als Spieler-Fehlschluss bezeichnete Verhalten wiederum kein Fehlverhalten, sondern jetzt sogar die optimale Vorgehensweise. Und tatsächlich ist es so, dass in unserer Alltagswelt viele Vorgänge von diesem Typ sind: Wird es nach einer Woche Regenwetter nicht mit jedem weiteren schlechten Tag wahrscheinlicher, dass der nächste Tag wieder gutes Wetter bringt?

In der wirklichen Welt sind Zufallsprozesse wie unabhängige Münzwürfe oder Drehungen eines Rouletterades eher seltener Natur. Öfter begegnen wir Zufallsprozessen mit der eben beschriebenen Abhängigkeitsstruktur. Dann ist die vom Spieler-Fehlschluss bewirkte Verhaltensweise sinnvoll. Doch begegnen wir auch Situationen, in denen es besser ist, in Richtung Persistenz zu denken. Zwar gibt es nach detaillierten wissenschaftlichen Untersuchungen offenbar und entgegen aller Folklore unter den Spielern keine *Hot Hand* im Basketball,[23] aber Gilden und Wilson (1995) haben festgestellt, dass es im *Golf* beim Putten und beim Wurfspiel *Darts* Performance-Abhängigkeiten à la Hot-Hand-Persistenz gibt. Insofern ist der Glaube an die *Hot Hand* durchaus nicht in allen Lebensbereichen unberechtigt. Dort, wo menschliche Fähigkeiten zum Tragen kommen, können die Ausübenden offenbar bisweilen «hot» werden. Unbelebte Objekte wie Rouletteräder können das jedoch nicht.

In diesem Kapitel haben wir mit einer Gedankencollage versucht, den Spieler-Fehlschluss als Denkfehler zu verstehen. Als Quintessenz kann dem Spieler-Fehlschluss eine einfache Aussage entgegengehalten werden. Merke: Münzen (und Würfel, Rouletteräder, Lotterien ...) haben kein Gedächtnis.

8. Wenn du denkst, Cannabis sei eine Einstiegsdroge für Heroin

Fehlschlüsse bei bedingten Wahrscheinlichkeiten

Bedingte Wahrscheinlichkeiten sind, neben allem, was sie in der Sache sind, ein Terrain, auf dem Fehlintuitionen scharenweise grassieren. Neben ihrem nicht einfachen Realbetrieb ziert sie eine ganze Corona von bis ins Philosophische reichenden Deutungen. Einige dieser Deutungsprobleme sind chronisch.

Ein wichtiges, oft entscheidungsrelevantes Phänomen im Umgang mit Unsicherheit ist der Basisraten-Irrtum. Das fehlerhafte Handling von Basisraten ist eine Denkfalle, die mit *beding-*

ten Wahrscheinlichkeiten zu tun hat. Grob gesprochen, besteht dieser Denkfehler darin, die Grundwahrscheinlichkeit eines Ereignisses nicht hinreichend in die Überlegungen und Kalkulationen einzubeziehen, d. h., nicht oder nicht genügend in Rechnung zu stellen, wie groß oder wie klein die Wahrscheinlichkeit für das Eintreten eines Ereignisses ist. Am besten: Man macht sich diesen Denkfehler an einigen Vorbildern klar. Das folgende, auf Kahnemann und Tversky zurückgehende, schon mehrfach für Kognitionsstudien verwendete Szenario ist prototypisch:

In einer Stadt sind 85 % der Taxis grün und der Rest ist blau. Eines Nachts ereignet sich ein Unfall mit einem Taxi, bei dem der Taxifahrer Fahrerflucht begeht. Ein Augenzeuge, der den Hergang des Unfalls beobachtet hat, sagt aus, dass das Taxi blau war. Ein Polizist, der im Fall ermittelt, untersucht die Verlässlichkeit des Zeugen und stellt fest, dass dieser nachts wegen Nachtblindheit die Farbe eines Taxis nur mit 80 %iger Wahrscheinlichkeit richtig identifizieren kann. Wie sicher ist unter diesen Umständen die Aussage des Zeugen? Genauer gefragt: Wie groß ist die Wahrscheinlichkeit, dass das Unfall-Taxi tatsächlich blau war?

Und noch eine zweite, damit eng zusammenhängende Frage sei gestellt. Angenommen, es gibt 200 Taxis in der besagten Stadt. Soll der Polizist zuerst die grünen oder zuerst die blauen Taxis zwecks zügiger Ermittlung des Fluchtfahrzeugs überprüfen?

Abbildung 47: Taxifahrer: «Ich habe Geometrie in der Schule gehasst. Immer dieses dumme Gerede von der kürzesten Entfernung zwischen zwei Punkten.» Cartoon von Bob und Tom Thaves.

Paradoxon im Doppelpack. Hinsichtlich der ersten Frage würde der Basisraten-Fehlschluss darin bestehen, die Wahrscheinlichkeit, dass das Unfall-Taxi blau ist, bei 80 % anzusiedeln. In mehreren Studien machten viele Menschen diesen naheliegenden Fehler, denn immerhin ist das der Zuverlässigkeitsgrad des Zeugen bei Nacht. Mit dieser Antwort wird aber der Tatsache, dass es nur vergleichsweise wenige blaue Taxis in der Stadt gibt, nicht Rechnung getragen. Das ist aber nötig. Denn immerhin ist die Basis-Wahrscheinlichkeit – ohne Einbeziehung der Aussage des Zeugen –, dass das Taxi blau ist, mit 15 % recht klein.

Jetzt werden wir wesentlich. Wir starten unseren Suchlauf des Denkens. Wir müssen die Zeugenaussage in die Rechnung einbeziehen. Um zuerst eine Kalkulation mit Wahrscheinlichkeiten ins argumentative Blickfeld zu rücken: Die uns vorliegenden Informationen lassen sich direkt in die folgenden Wahrscheinlichkeiten übersetzen:

P(Taxi war blau) = 0,15
P(Taxi war grün) = 0,85
P(Zeuge sagt: «Taxi war blau»/Taxi war blau) = 0,8
P(Zeuge sagt: «Taxi war blau»/Taxi war grün) = 0,2

Die letzten beiden Wahrscheinlichkeiten sind bedingte Wahrscheinlichkeiten.

Um von hier zu irgendeiner Tat zu schreiten, benötigen wir zwecks Lösungsfindung die bedingte Wahrscheinlichkeit, dass das Unfall-Taxi blau war, gegeben, dass der Zeuge ausgesagt hat, dass es blau war. Das wäre die Antwort auf die erste gestellte Frage. In Zeichen: P(Taxi war blau/Zeuge sagt: «Taxi war blau»). Diese Wahrscheinlichkeit ist gleich

$$\frac{0,15 \times 0,8}{0,15 \times 0,8 + 0,85 \times 0,2} = \frac{0,12}{0,12 + 0,17} = 0,41.$$

Wie man zu diesem Ergebnis kommt, lässt sich recht übersichtlich einem geeigneten Baumdiagramm entnehmen. Mit seiner Hilfe bringen wir uns in Form. Das ist die Indienstnahme eines nützlichen Bildes für bildgestütztes Denken: vernünftiger als bloße Vernunft.

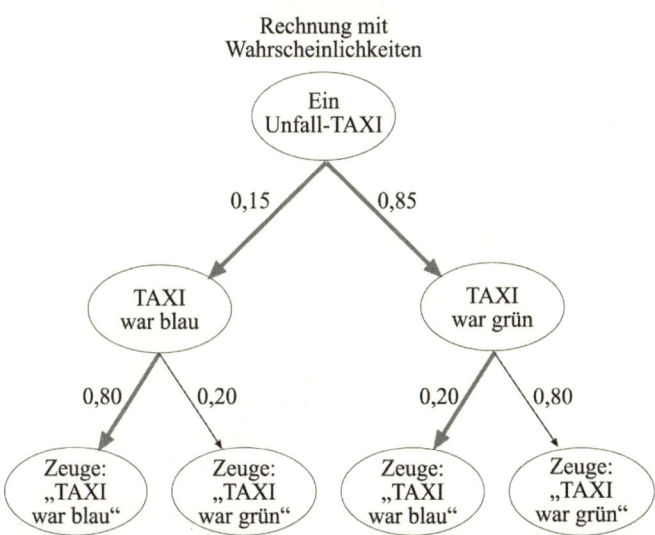

Abbildung 48: Baumdiagramm zum Taxi-Beispiel, Rechnung mit Wahrscheinlichkeiten

Bei Einsatz des Baumdiagramms als kognitiver Stütze liegt nämlich auf der Hand: Nachdem der Zeuge verkündet hat, das Unfall-Taxi sei blau gewesen, kommen nur noch die fett markierten, zweiteiligen Pfade im Diagramm in Frage. Die anderen Pfade scheiden aus. Der linke der fett markierten Pfade führt über den Zwischenknoten

und hat eine Wahrscheinlichkeit von 0,15 × 0,80 = 0,12, was nach der Pfadregel durch Multiplikation entlang des Pfades bestimmt wurde. Dieses Produkt ist die Wahrscheinlichkeit, dass einerseits das Unfall-Taxi blau war und zudem der Zeuge aussagt, es sei blau gewesen.

Der rechte der fett markierten Pfade führt über den Zwischenknoten

159

TAXI
war grün

und hat eine Wahrscheinlichkeit von 0,85 × 0,20 = 0,17. Es handelt sich bei diesem Produkt um die Wahrscheinlichkeit, dass in Wirklichkeit das Unfall-Taxi grün war, der Zeuge aber fälschlich aussagt, es sei blau gewesen.

Diese beiden Wahrscheinlichkeiten von Verbund-Ereignissen, also 0,12 und 0,17, müssen nunmehr noch ins Verhältnis gesetzt werden. So erhalten wir die Antwort auf die erste gestellte Frage, die uns ja auffordert, die Information in der Zeugenaussage zu berücksichtigen. Unter Berücksichtigung der Zeugenaussage ist also die Wahrscheinlichkeit, dass das Unfall-Taxi blau war, gegeben durch

$$\frac{0,12}{0,12 + 0,17} = 0,41.$$

Dass es grün war, ist entsprechend

$$\frac{0,17}{0,12 + 0,17} = 0,59.$$

Als Antwort auf die erste Frage ergibt sich nicht die zunächst erwartete, sondern sie lautet: Die Wahrscheinlichkeit liegt bei nur 41%, dass das Unfall-Taxi tatsächlich blau war, obwohl der Zeuge gerade dies doch ausgesagt hatte. Die Restwahrscheinlichkeit ist größer. Am wahrscheinlichsten ist es somit, dass ein grünes Taxi in den Unfall verwickelt war. Statt eines Baumdiagramms hätte man bei dieser Rechnung auch das Bayes-Theorem zurate ziehen können.

Sollten Sie aber eine Abneigung gegen Kalkulationskreationen mit Wahrscheinlichkeiten hegen, können Sie diese auch umgehen und das mit ihnen Errechnete auf eine andere Art und Weise erhalten. Dazu dient uns ein anderes Diagramm:

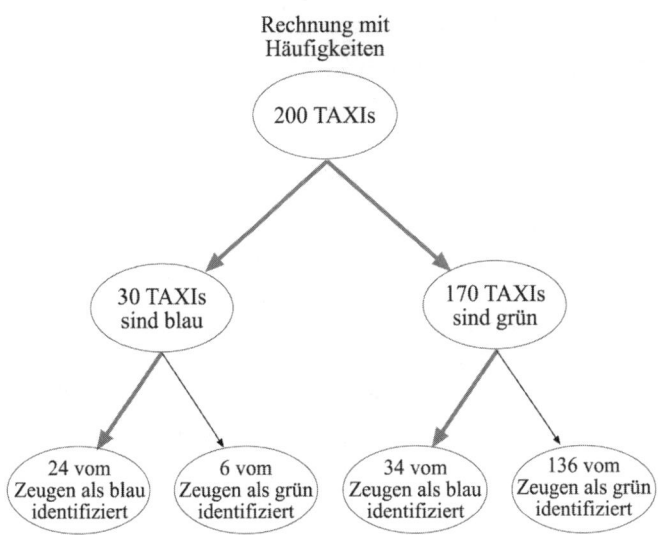

Abbildung 49: Baumdiagramm zum Taxi-Beispiel, Rechnung mit Häufigkeiten

Bei dieser Zu-Fuß-Methode gehen Sie einfach von den 200 in der Stadt verkehrenden Taxis aus. Von diesen sind nur 30 Taxis blau – eben 15 % – und 170 sind grün. Wir beziehen die Zeugenaussage wie folgt ein: Von den 30 blauen Taxis würden vom Zeugen nur 24 – eben 80 % – bei Nacht richtig als blau identifiziert, während umgekehrt von den grünen Taxis 34 – eben 20 % – fälschlich als blau eingestuft würden. Der mit dieser Erkenntnis erreichte Zustand ist ein Interim kurz vor dem Ziel. Es würden somit 24 + 34 = 58 Taxis vom Zeugen bei Nacht als blau eingestuft. Davon sind aber, wie vermerkt, nur 24 tatsächlich blau. Hier angelangt, gibt der Quotient 24/58 = 0,41 die Wahrscheinlichkeit an, dass das vom Zeugen als blau eingestufte Unfall-Taxi tatsächlich blau ist.

Das war keine Höchstschwierigkeit. Diesen Wert hatten wir auch zuvor schon komplizierter mit Wahrscheinlichkeiten errechnet. Aber der gewaltfreie, wahrscheinlichkeitslose Ansatz hat das Moment der viel größeren Durchschlagskraft auf seiner Seite. Der schwungvolle Kunstgriff, statt mit bedingten Wahrscheinlichkeiten mit absoluten Anzahlen zu rechnen, brilliert durch eine bemerkenswerte Liaison von Einfachheit und Wirkung.

Paradoxiewerdung. Nachdem wir diesen Punkt im Trockenen haben, und es ist ein Bigpoint, scheint die Handlungsempfehlung an den ermittelnden Polizisten eindeutig. Würden Sie ihm etwa nicht nahelegen, zuerst die grünen Taxis der Reihe nach auf Unfallschäden zu untersuchen? Denn immerhin beziffert sich die Wahrscheinlichkeit doch auf solide 59 %, dass das gesuchte Taxi grün ist. Das ist eine Mehrheit. Dieser Ratschlag ist zwar intuitiv nachvollziehbar und naheliegend, doch gleichermaßen auch ziemlich unschlau. Sorry, wenn ich zu diesem Wort greife, aber ich bringe hier etwas adjektivische Brutalität ins Spiel, um Sie schneller aus der Reserve zu locken.

Warum aber ist dieser Ratschlag nicht ratsam? Es scheint doch mehr als plausibel, zuerst die grünen Taxis zu inspizieren, wenn das Unfall-Taxi höchstwahrscheinlich grün ist. Doch ich würde trotzdem empfehlen, zuerst die blauen Taxis der Reihe nach zu untersuchen.

Schrödern

Wir streichen die Wand da blau, es kann aber notwendig sein, dass wir grüne Farbe dafür nehmen müssen.

Von Kabarettist Volker Pispers Ex-Bundeskanzler Gerhard Schröder in den Mund gelegt.

Auf den ersten Blick erscheint diese Empfehlung wie der Ratschlag an einen Betrunkenen, der des Nachts seinen Schlüssel verloren hat, er solle ihn unter der Straßenlaterne suchen – nicht weil er ihn dort verloren hat, sondern weil er dort etwas sieht. Unser Taxi-Beispiel ist aber doch etwas anders strukturiert. Wieder spielt die Basisrate hinein, in Form der Tatsache, dass es nur 30 blaue Taxis gibt. Dieses Faktum ist geeignet, uns den zweiten Teil einer doppelt kontraintuitiven Wahrheit plausibel zu machen, denn die errechnete Wahrscheinlichkeit von 41 %, dass das Unfall-Taxi blau ist, entfällt auf nur 30 blaue Taxis. Ist das gesagt, kostet es keine Mühe, den Gedankengang abzuschließen. Es bedeutet: Jedes blaue Taxi hat eine Wahrscheinlichkeit von 41 %, geteilt durch 30, also von 1,4 %, in den Unfall verwickelt zu sein. Während jedes einzelne der insgesamt 170 grünen Taxis der Stadt nur mit der weitaus geringeren Wahrscheinlichkeit von 59 %, geteilt durch 170, also mit 0,35 %, das gesuchte Taxi ist. Diese Überlegung stößt zur Lösung vor. Sie zwingt die Intuition zum Umdenken. Der Fall ist in Wohlbehagnis geklärt.

Fazit und Weiteres. Die Wahrscheinlichkeit, dass das Unfall-Taxi blau ist, hängt nicht nur, wie deutlich geworden sein sollte, von der Verlässlichkeit des Zeugen ab (hier 80 %), sondern auch von Charakteristiken der Population, speziell der Basisrate von blauen Taxis in ihr (hier 15 %). Ohne Berücksichtigung der Zeugenaussage sind diese 15 % die zu veranschlagende Wahrscheinlichkeit, dass das Unfall-Taxi blau ist. Die Aussage des Zeugen erhöht diese Wahrscheinlichkeit von 15 % auf 41 %. Läge der Anteil blauer Taxis in der Population nur bei dem erheblich niedrigeren Wert von 1 %, bei unveränderter Verlässlichkeit des Zeugen von 80 %, so würde die Zeugenaussage «Das Taxi war blau» die Wahrscheinlichkeit, dass das Taxi tatsächlich blau war, lediglich auf 3,9 % erhöhen und nicht auf 41 % wie zuvor. Dieses flankierende Seitenphänomen unseres Hauptthemas wirkt auf den ersten Blick auch widersinnig. Um es so paradox auszudrücken, wie es sich darstellt: Je geringer der Anteil der kursierenden blauen Taxis, desto größer die Wahrscheinlichkeit, dass ein vom Zeugen als blau identifiziertes Unfall-Taxi nicht blau ist. Das ist in der Tat so und damit eine weitere gesicherte Kuriosität im aktuellen Kontext.

Abbildung 50: Auch ein Unfallfahrzeug. Samt eigener Buchführung.

Der Situation als Ganzes, aber in übertragenem Sinn, sind wir übrigens schon einmal begegnet. Es war in Kapitel 3, als es um Prostatakrebs-Diagnostik ging. Man ersetze die Verlässlichkeit des Zeugen durch die Verlässlichkeit des PSA-Tests auf Prostatakrebs. Man ersetze ferner das Ereignis, dass das Unfall-Taxi blau ist durch das Ereignis, dass der getestete Patient Krebs hat. Dann wird das Taxi-Beispiel strukturell zum Déjà-vu. Und es ist die Wahrscheinlichkeit, dass ein Patient bei positivem PSA-Test tatsächlich Krebs hat, wie im früheren Kapitel und gerade eben auf andere Art errechnet, gleich 3,9 %.

An und für Sie: ein Tipp für Schrecksekunden. Denken Sie übrigens an dieses Beispiel und seine Zahlenwerte, wenn bei Ihnen irgendwann ein wichtiger medizinischer Test positiv ausschlagen sollte. Wenn die Inzidenz, also die relative Häufigkeit der Krankheit in der Population, geringer ist als die Falsch-positiv-Rate des Tests, dann werden selbst Tests, die eine hohe Zuverlässigkeit haben, insgesamt mehr falsche als richtige positive Ergebnisse liefern.

Kürzer gesagt: Selbst bei positivem Krebstest sind Sie wahrscheinlich gesund.

Viel Inhalt. Wir haben als Ergebnis unserer Analyse nicht nur eine, sondern zwei paradoxe Antworten erhalten. Die erste bezieht sich auf die Zeugenaussage «Unfall-Taxi war blau», die trotz einer hohen Zeugenverlässlichkeit von 80 % als unglaubwürdig eingeschätzt werden muss. Die zweite Paradoxie bezieht sich darauf, dass die als weitaus wahrscheinlicher berechnete Möglichkeit «Das Unfall-Taxi war grün» zur optimalen Empfehlung führt «Untersuche zunächst die blauen Taxis». Insofern neutralisieren sich diese beiden Seltsamkeiten.

In den großen und kleinen Dingen des Alltags kommen derartige Ereignisse zuhauf vor. Eine kontroverse Standardsituation wie ein Unfall mit Fahrerflucht unter Zeugen – und umzingelt von Paradoxien müssen wir den Überblick behalten.

Unsere Ergebnisse sind interessante Wissenswerte. Das Beispiel ist zudem ein instruktives Belegexemplar für die unerträgliche Leichtigkeit des möglichen Irrens beim Umgang mit Wahrscheinlichkeiten. Wahrscheinlichkeiten, das dürfte nun über jeden Zweifel hinaus klar geworden sein, sind tricky, und zwar mehr als alles andere in der Mathematik. Unser Gehirn ist von der Evolution nicht genügend darauf vorbereitet worden, mit ihnen kompetent umzugehen. Während Mathematiker seit Tausenden von Jahren Geometrie betreiben, hat es weitaus länger gedauert, einen seriösen, quantitativ-fundierten Zugang zum Zufall und zur Messung des Grades von Zufälligkeit durch Wahrscheinlichkeiten zu finden. Erst die mathematische Wahrscheinlichkeitstheorie bot und bietet eine formale Sprache an, um über Zufallsvorgänge qualifiziert zu sprechen. Sie ist eine noch relativ junge Teildisziplin der Mathematik. Als ihr erstes Lehrbuch wird gemeinhin Jakob Bernoullis *Ars Conjectandi* angesehen, das im Jahr 1713 posthum erschienen ist. Das ist rund 300 Jahre her. Mehr nicht. Die Menschheit steht noch am Anfang einer fachmännischen Theorie des Zufalls und seiner Eigenschaften.

Beim Basisraten-Irrtum kommt eine verbreitete Konfusion zum Ausdruck. Sie besteht letztendlich darin, im Umgang mit bedingten Wahrscheinlichkeiten bedingtes und bedingendes Ereignis zu verwechseln. Im Taxi-Beispiel wird die Wahrscheinlichkeit des Ereignisses

> *Zeuge sagt:* «*Taxi war blau*» unter der Voraussetzung des Ereignisses *Taxi war blau*

von vielen Probanden verwechselt mit der Wahrscheinlichkeit von

> *Taxi war blau* unter der Voraussetzung *Zeuge sagt:* «*Taxi war blau*».

Der Glaube, dass eine große bedingte Wahrscheinlichkeit irgendeines Ereignisses X, gegeben ein Ereignis Y, gleichbedeutend ist mit einer großen bedingten Wahrscheinlichkeit des Ereignisses Y, gegeben das Ereignis X, ist weit verbreitet. Doch das ist eine Fehleinschätzung, ein Stolperstein der Intuition. Die unbedingte Grundwahrscheinlichkeit (eben die Basisrate) des Ereignisses Y muss für eine zutreffende Analyse in Betracht gezogen werden. Denn die bedingte Wahrscheinlichkeit von X, gegeben Y, ist ja nichts anderes als die einfache unbedingte Wahrscheinlichkeit von X, wenn man die Grundmenge aller zulässigen Möglichkeiten auf die Menge Y einschränkt. Das ist an sich strukturell einfach. Dennoch treten Schwierigkeiten beim Umgang mit bedingten Wahrscheinlichkeiten auf, meist bei deren Interpretation. In der nächsten Runde wollen wir weitere Belegexemplare anbieten.

Selbstmord in Raten. Wir beginnen diese neue Runde mit einem pädagogisch wertvollen Fundstück. In einem schon etwas älteren Buch[24] weist Helmut Swoboda auf den Artikel «Im Alter wirst du glücklicher» aus einer nicht näher benannten deutschen Tageszeitung hin. Darin heißt es: «Die polizeiliche Statistik der westeuropäischen Länder sagt überraschend einstimmig aus: Von 100 Selbstmördern sind durchschnittlich 45 Prozent zwischen siebzehn und fünfundzwanzig Jahre alt, 30 Prozent zwischen fünfundzwanzig und vierzig, 15 Prozent zwischen vierzig und fünfzig und nur 10 (!) Prozent aller Lebensüberdrüssigen über fünfzig haben von ihrem Schicksal genug. Es verringert sich also der Entschluss zum Selbstmord immer mehr, je weiter das Alter fortschreitet.» So weit der Zeitungsartikel.

Die Frage, die wir stellen wollen, lautet: Ist die Suizidrate tatsächlich in der vom Zeitungsartikel dargelegten Weise altersabhängig, nimmt sie also mit zunehmendem Alter ab?

Auch die folgende Grafik, die sich auf neuere Daten[25] aus dem Jahr 2000 bezieht, scheint diesen Trend zu bestätigen. Die Daten weisen aus, wie viele von je 100 Todesfällen einer Altersklasse auf Selbstmord entfielen.

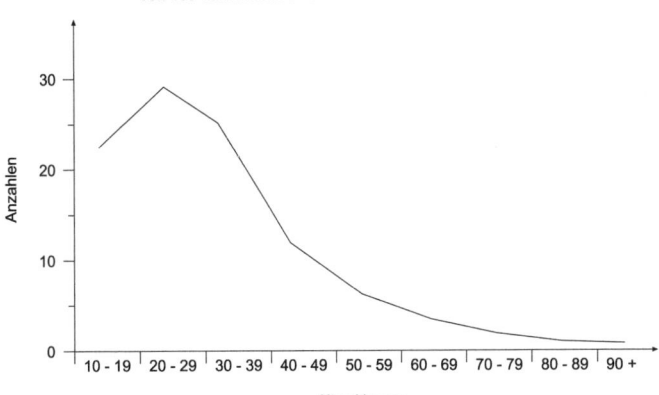

Von 100 Todesfällen einer Altersklasse entfielen auf Selbstmord

Abbildung 51: Selbstmorde nach Altersklassen. Bezugspopulation: alle Todesfälle einer Altersklasse

Die Deutung scheint auf der Hand zu liegen: Die Jugend ist nicht so unbeschwert wie gedacht. Im Gegenteil, leitartikeltauglich könnte man als Überschrift wählen:

«Selbstmord als Krankheit jüngerer Menschen»

In jungen Jahren (15–39) stirbt ein großer Anteil aus freien Stücken. Mit zunehmendem Alter nimmt der Anteil von Selbstmorden unter den Todesfällen immer mehr ab.

Aufgrund dieser und vergleichbarer Erhebungen mag man hartnäckig glauben, dass junge Menschen besonders selbstmordgefährdet und selbstmordaktiv seien. Doch ziehen wir diesen Schluss nicht zu schnell. Deuten wir dieselben Daten einmal aus einer anderen Perspektive. Wählen wir als Bezugspopulation die Selbstmörder selbst und stellen in einem Schaubild dar, wie viele von 100 Selbstmördern in die einzelnen Altersklassen fallen. Das sieht dann so aus:

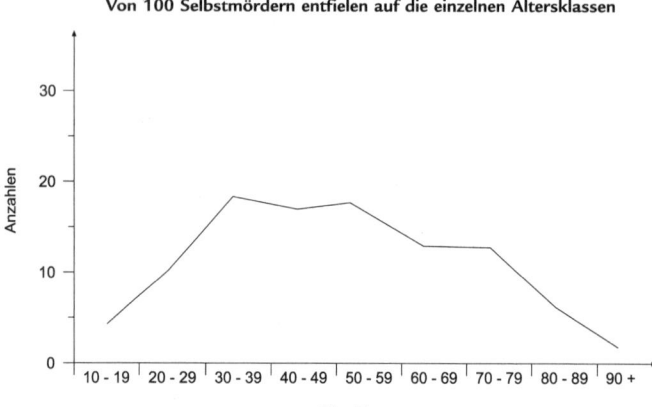

Abbildung 52: Selbstmorde nach Altersklassen. Bezugspopulation: alle Selbstmörder

Jetzt könnte eine Überschrift lauten:

«Midlife-Crisis erhöht Selbstmordgefahr»

Selbstmorde erreichen in mittleren Lebensaltern einen Höhepunkt. Die Grafik weist aus, dass von je 100 Selbstmördern rund je ein Fünftel auf die drei Altersjahrzehnte 30–39, 40–49 sowie 50–59 Jahre entfallen. Unter den Jüngeren und unter den Älteren kommt Selbstmord dagegen selten vor. Auf die Teenager (10–19) und die Achtzigjährigen (80–89) entfallen nur rund 5 %.

Ist man also in mittleren Lebensjahren besonders selbstmordgefährdet? Die Daten, aus diesem Blickwinkel betrachtet, scheinen das nahezulegen. Hm!? Eben waren wir doch zu einem ganz anderen Ergebnis gekommen! Kein gutes Omen! Eine mittelschwere Form von Konfusion macht sich breit.

Im Bemühen, die Konfusion abzuschütteln, wechseln wir nochmals die Perspektive. Das lässt sich spielend erreichen durch abermalige Änderung der Bezugsgröße. Unsere Referenzgruppe besteht jetzt nicht mehr aus den Selbstmördern, sondern wir wählen als Bezugspopulation die Lebenden. Die nächste Grafik zeigt die Anzahl der Selbstmorde in den gegebenen Altersklassen unter je 100 000 Lebenden der jeweiligen Altersklasse.

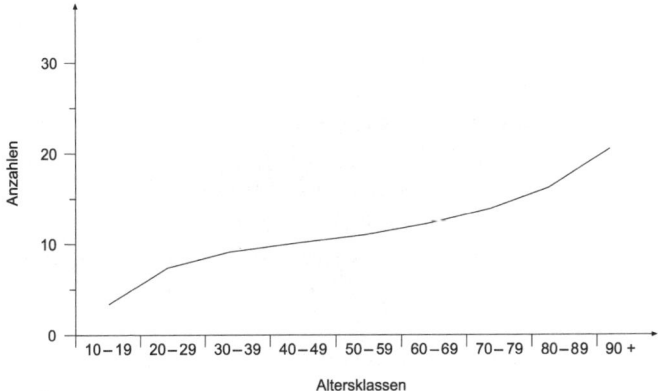

Selbstmorde pro 100.000 Lebende gleicher Altersklasse

Abbildung 53: Selbstmorde nach Altersklassen. Bezugspopulation: Gesamtbevölkerung

Und flugs stellt sich wieder eine pointierte Überschrift ein:

«Elendes Alter vergrößert Selbstmordneigung»

Die relative Anzahl der Selbstmorde nimmt erkennbar mit wachsendem Alter zu. Die Anzahl der Selbstmörder steigt kontinuierlich von den 10-19-Jährigen bis zu den über 90-Jährigen an. Während nur 3 von 100 000 Jugendlichen zwischen 10 und 19 Jahren ihrem Leben selbst ein Ende setzen, sind es in der Klasse der 40-49-Jährigen bereits 10 und in der Klasse der über

90-Jährigen gibt es 20 Selbstmörder bezogen auf 100 000 Lebende der Altersklasse.

Jetzt ist die Konfusion komplett. Plötzlich können wir uns unserer Mittel nicht mehr sicher sein. Das sind drei Grafiken, die um dieselbe Fragestellung kreisen. Die Zahlen sind übrigens authentisch, die Grafiken sind stets richtig berechnet und erstellt. Sie beleuchten ein und dieselben Daten aus verschiedenen Blickwinkeln, arbeiten verschiedene Aspekte heraus. Alle drei sind nützlich, tragen zum Verständnis der Daten bei. Jedoch finden wir die Lage so vor, dass die Ergebnisse allesamt verschieden sind.

Kann man mit Statistik also doch alles beweisen?

Wirrwarr-Entwirrung. Die vollständige Konfusion lässt sich durch den Hinweis entwirren, dass zwei der drei Analysen zu perspektivischen Verfälschungen führen und Antworten auf andere als die von uns verfolgte Fragestellung liefern. Was die Datenanalyse betrifft, gibt es Haupt- und Nebensächliches.

Welche Grafik ist für die im Raum stehende Fragestellung die angemessene und welche Grafiken führen zu Verzerrungen der Sichtweise? Man kommt dem Kern der Sache näher, wenn man Folgendes bedenkt:

Junge Menschen sterben vergleichsweise selten, und sollten sie sterben, dann nicht an Altersschwäche, so gut wie nie an Herzinfarkt und kaum an Krebs. In der überwiegenden Mehrheit sind bei ihnen Unfälle und eben Selbstmorde die Todesursache. Bei den 15–39-Jährigen sind Selbstmorde für mehr als 20 Prozent der wenigen Todesfälle verantwortlich.

Bei den Menschen über 60 ist das ganz anders. Sie sterben in signifikanter Zahl an Altersschwäche, Krebs, Herzinfarkt und Gehirnschlag. Der relative Anteil der Selbstmörder beträgt nur rund 2 Prozent und ist somit prozentual gering. Wenn man also als Bezugsgröße die Todesfälle der gleichen Altersklasse wählt, so sterben junge Menschen tatsächlich relativ öfter an Selbstmord.

Das waren einige Vorüberlegungen zum Versuch, die für eine seriöse Beantwortung der Frage relevante Grafik ausfindig zu machen. Die der Intention der Studie – ein Vergleich der Selbstmordhäufigkeiten in den verschiedenen Altersklassen – am besten gerecht werdende Bezugsgröße ist die Population von 100 000 Lebenden der gleichen Altersklasse. Das ist die Grafik 53. Was mit Blick auf diese Zielsetzung für verschiedene Altersklassen verglichen werden muss, ist die Anzahl der jährlichen Selbstmorde pro 100 000 Lebender der gleichen Altersklasse. Da der Anteil der verschiedenen Altersklassen an der Gesamtbevölkerung unterschiedlich groß ist, denn es gibt ja mehr Menschen zwischen 10 und 20 Jahren als zwischen 90 und 100 Jahren, und da dieser Aspekt in den Grafiken 51 und 52 nicht in die Überlegung einbezogen wurde, wird auch bei diesen Datenaufbereitungen der Basisraten-Irrtum begangen. Dadurch werden in beiden Fällen irreführende Resultate erzielt.

Als bemerkenswertes Postskriptum sei noch dies erwähnt: Wird die Untersuchung allein auf Frauen eingeschränkt, sind interessanterweise alle Werte wesentlich geringer. Die Kurven zeigen mit zunehmendem Alter zwar einen ganz ähnlichen Verlauf, aber eben auf geringerem Niveau. Frauen begehen in allen Altersklassen weniger häufig Selbstmord als Männer.

Mit ähnlichen Basisraten-Fehlschlüssen wie den obigen kann man auch zu dem Ergebnis gelangen, dass Krankenhäuser für Leib und Leben nicht ungefährlich sind, denn nach Statistiken sterben mehr als die Hälfte der Bundesbürger in Krankenhäusern. Oder dass zu viel Freizeit die Menschen auf kriminelle Gedanken bringt, denn die überwiegende Mehrzahl aller Diebstähle, Raubdelikte und anderer Vergehen findet außerhalb der regulären Arbeitszeit der Täter statt.

> **Fact Box**
>
> 39 % aller Arbeitslosen tragen eine Brille.
>
> 81 % aller Arbeitenden tragen eine Brille.
>
> Ergo: Arbeit ist schlecht für die Augen!

Um statistisch seriöse Ursache-Wirkungs-Aussagen mit Daten zu stützen, sollte als bedingendes Ereignis, also als Voraussetzung, die Ursache (im Selbstmord-Beispiel: das Lebensalter, sortiert nach Altersklassen) und als bedingtes Ereignis die Wirkung (im obigen Beispiel: Selbstmord) gewählt werden. Dann lassen sich die bedingten Wahrscheinlichkeiten bzw. relativen Anteile für verschiedene Voraussetzungen (also für verschiedene Altersklassen) seriös miteinander vergleichen und man gelangt auf diese Weise zu einer quantitativen Bewertung der verschiedenen Bedingungen. Die umgekehrten bedingten Wahrscheinlichkeiten oder relativen Anteile (also die Anteile der Selbstmorde, die auf verschiedene Altersklassen entfallen) liefern über den hier interessierenden Ursache-Wirkungs-Zusammenhang keine Aufschlüsse.

Wir wollen dieses Thema mit weiteren Beispielen zur Basisraten-Thematik abschließen:

Einstiegsdroge Milch? Es ist bekannt, dass die überwiegende Mehrheit der Heroinabhängigen vorher schon Cannabis konsumiert hat. Selbst von einigen Experten wird daraus bisweilen der Schluss gezogen, dass Cannabis eine Einstiegsdroge für Heroin sei und dass die Mehrzahl der Cannabis-Konsumenten schließlich auch zum Heroin greifen werde. Doch das ist abermals eine Version des Basisraten-Irrtums. Um herauszuarbeiten, warum er hier vorliegt, ist das folgende Schaubild aufschlussreich.

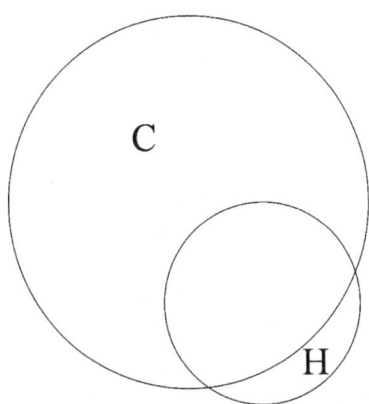

Abbildung 54: Cannabis-Konsumenten C und Heroin-Konsumenten H als Mengen schematisch dargestellt

Der große und der kleine Kreis veranschaulichen die Gruppe der Cannabis- und der Heroin-Konsumenten, C bzw. H. Die Mengen überschneiden sich. Doch es ist in Wirklichkeit nicht etwa so, dass die Mehrzahl der Cannabis-Konsumenten irgendwann zum Heroin greift. Durch unsere früheren Überlegungen sensibilisiert, bemerken wir sofort: Aus der richtigen Aussage

«Die Mehrzahl der Heroin-Konsumenten waren früher Cannabis-Verbraucher»

folgt im Umkehrschluss nicht etwa

«Die Mehrzahl der Cannabis-Konsumenten werden später Heroin-Verbraucher sein».

Dieser Schluss ist ungültig, wie wir nun bereits mehrfach thematisiert haben. Auch ein Vergleich der entsprechenden Mengen und Überlappungen in Abbildung 54 hilft, dies zu verstehen. Um den Fehlschluss-Charakter dieser Implikation ins Kuriose zu steigern und damit ganz augenfällig zu machen, kann man sich auch folgendermaßen ausdrücken: Die meisten Heroin-Abhängigen haben zuvor in ihrem Leben Milch getrunken. Doch daraus zu schließen, dass die meisten Milchtrinker irgendwann heroinsüchtig werden, ist ein intellektueller Rohrkrepierer. Wollen Sie das Ganze noch auf eine absurde Spitze treiben, können Sie hier gerne «Milch» durch «Wasser» ersetzen und «Milchtrinker» durch «Wassertrinker». Dann ist der Unsinn eklatant und unzurückweisbar.

Gerichtsbericht. Im Jahr 1994 stand der amerikanische Football-Star O. J. Simpson wegen Mordes an seiner Frau und deren Freund vor Gericht. Die Staatsanwaltschaft brachte als belastendes Indiz unter anderem vor, dass Simpson seine Frau nachweislich geschlagen und vergewaltigt habe. Einer der Verteidiger Simpsons, der Harvard-Professor Alan Dershowitz, beantragte, dass dieses Indiz im Prozess nicht zugelassen werde. Zur Begründung seines Antrags argumentierte er so: «Die Wahrheit ist, dass eine Mehrzahl der Frauen, die umgebracht werden, von Männern umgebracht werden, mit denen sie eine Beziehung haben. Aber nur ein Zehntel von einem Prozent der Männer, die ihre Frauen schlagen, bringen sie schließlich auch um.» Anwalt Dershowitz meint also, dass diese Zahl von 0,1 % die auch auf O. J. Simpson zutreffende Wahrscheinlichkeit sei, dass er seine Frau umgebracht habe.

Der Statistik-Professor Irving J. Good schrieb daraufhin einen Beitrag für das Wissenschaftsmagazin *Nature*[26] und legte dar, dass dies im Simpson-Fall nicht die prozessrelevante Denkrichtung sei. Es gehe nicht, wie Dershowitz argumentiert habe, um die bedingte Wahrscheinlichkeit, dass ein Ehemann seine Frau schließlich umbringt, wenn er sie zuvor schon geschlagen hat. Die aussagekräftige Wahrscheinlichkeit in diesem Kontext sei dagegen die bedingte Wahrscheinlichkeit, dass es der eigene Ehemann war, der seine Frau umgebracht hat, wenn er sie in der Vergangenheit schon geschlagen hat *und* diese Frau anschließend von jemandem umgebracht wird. Im Vergleich zum Dershowitz-Argument ist das eine bedingte Wahrscheinlichkeit mit einer detaillierteren Bedingung.

Ausgehend von den Dershowitz-Daten und eigenen Schätzungen, rechnete Good dann im Wesentlichen wie folgt: Betrachtet man einmal eine hypothetische Grundgesamtheit von 10 000 von ihren Ehemännern geschlagenen Frauen, so wird von diesen Frauen in einem gegebenen Jahr eine von ihrem Ehemann ermordet. Dieser Zahl liegt die Überlegung zugrunde, dass ein Zehntel eines Prozents derjenigen Ehemänner, die ihre Frau schlagen, diese auch umbringen, also einer von 1000 dieser Männer. Diese korrekte Zahl hatte auch Dershowitz verwendet. Geht man ferner von einer durchschnittlichen Dauer von 10 Jahren bei Ehen aus, in denen ein Ehepartner geschlagen wird, so liegt das Risiko, in einem bestimmten Jahr vom schlagenden Ehepartner ermordet zu werden, bei einem Zehntel der eben erwähnten Wahrscheinlichkeit. Es beträgt also 1 : 10 000.

Um die unbedingte Wahrscheinlichkeit zu ermitteln, dass eine gegebene Person in einem gegebenen Jahr ermordet wird, ging der Wissenschaftler anschließend folgendermaßen vor: In den USA werden jährlich ca. 25 000 Menschen ermordet, und die Gesamtbevölkerung hat eine Größe von rund 250 Millionen. Daher liegt die Wahrscheinlichkeit für jede beliebige Person – einschließlich der Frauen von schlagenden Ehemännern –, in einem bestimmten Jahr ermordet zu werden, bei 25 000 geteilt durch 250 Millionen, also ebenfalls bei 1 : 10 000.

Zusammenfassend lässt sich demnach Folgendes sagen: Im statistischen Durchschnitt werden in einem gegebenen Jahr von 10 000 geschlagenen Frauen zwei ermordet, und zwar eine von ihrem schlagenden Ehemann und eine andere nicht von ihrem schlagenden Ehemann. Daraus leitet sich leicht eine Wahrscheinlichkeitsaussage ab. Es ist zu konstatieren, dass die Wahrscheinlichkeit bei 50 % liegt, dass der schlagende Ehemann die Tat begangen hat. Und zwar a priori, bevor überhaupt eine Beweisaufnahme stattgefunden hat. Dies ist die Wahrscheinlichkeit, die auch für O. J. Simpson a priori gilt: 1 : 2 oder 50 %. Und eben nicht die Wahrscheinlichkeit 1 : 1000 oder 0,1 %, die von Simpsons Verteidiger in den Prozess eingebracht worden war.

Auch dies ist ein Fall von mit Absicht oder wegen Unwissenheit verfälschter Ergebnisse aufgrund fehlerhafter Interpretation bedingter Wahrscheinlichkeiten.

Kartenspiel-Paradoxon. Unser letztes Beispiel, das in Feinbereiche der Wahrscheinlichkeitstheorie vorstößt, ist in mancher Hinsicht noch widersinniger als das frühere Taxi-Beispiel. Es handelt sich um das sogenannte *Paradoxon des zweiten Asses.* Daraus können Sie bereits ersehen, dass ein Kartenspiel eine gewisse Rolle spielen wird.

Bridge ist ein Kartenspiel für 4 Spieler, das mit einem Deck von 52 Karten gespielt wird. Nach dem Mischen werden an jeden Spieler 13 Spielkarten ausgeteilt. Angenommen:

a. Herr K erklärt, dass sich unter seinen 13 Karten ein *Ass* befindet.

b. Herr K erklärt, dass sich unter seinen 13 Karten das *Herz-Ass* befindet.

Die Frage, der wir uns hier widmen wollen, lautet: Wie groß ist die Wahrscheinlichkeit, dass Herr K mehr als ein Ass besitzt, wenn er a. bzw. wenn er b. geäußert hat?

Sind die Wahrscheinlichkeiten für mehr als ein Ass unter der Voraussetzung a. bzw. b. gleich? Sind sie verschieden? Die Wahrheit ist irgendwo da draußen.

Folgen wir unserer Intuition, so erwarten wir ganz stark, dass die beiden Wahrscheinlichkeiten gleich sind. Denn warum sollte die zusätzliche Erwähnung der Farbe *Herz* des Asses einen Unterschied machen? Irgendeine Farbe muss das Ass ja haben, das Herr K in seinem Blatt hat.

Vorsichtig und inzwischen gegenüber Bauchgefühlen misstrauisch geworden, wollen wir lieber Zahlen als Intuitionen sprechen lassen. Begeben wir uns also auf den Weg und berechnen vor dem Hintergrund der Aussagen a. bzw. b. die Wahrscheinlichkeit, dass Herr K mehr als ein Ass im Blatt hält.

Unter der Voraussetzung a. ergibt sich die Wahrscheinlichkeit für ein weiteres Ass als

$$P_a = \frac{5359}{14498} = 0{,}37$$

und unter der Voraussetzung b. ist die Wahrscheinlichkeit für ein weiteres Ass

$$P_b = \frac{11686}{20825} = 0{,}56.$$

Diese Werte sind erklärungs- und ihre Verschiedenheit ist deutungsbedürftig. Die Tatsache, dass die Erwähnung der Farbe des Asses überhaupt eine Wirkung besitzt und dann auch noch eine derart gewaltige, die sich im Bereich von 20 % Wahrscheinlichkeit bewegt, ist völlig rätselhaft. Doch die angegebenen Zahlenwerte für die Wahrscheinlichkeiten sind seriös und können auch durch Simulationen bestätigt werden. Wir wollen sie plausibel machen, und zwar mit den für diese Lagen typischen Methoden kombinatorischer Auswahlüberlegungen.

Dazu benötigen wir ein paar besondere Zahlen, die man Binomialkoeffizienten nennt. Ein kurzer Einschub soll uns mit ihnen vertraut machen.

Das Tao der Binomialkoeffizienten

Der Formelausdruck

$$\binom{n}{k}$$

steht in der Mathematik für die Anzahl verschiedener k-elementiger Teilmengen einer n-elementigen Menge. Die genaue Anzahl ist gleich

$$\binom{n}{k} = \frac{n \times (n-1) \times \ldots \times (n-k+1)}{k \times (k-1) \times \ldots \times 1}.$$

Diese Formel lässt sich leicht erklären, bedenkt man, wie groß die Wahrscheinlichkeit ist, eine gegebene k-elementige Teilmenge durch zufälliges schrittweises Ziehen von k Elementen aus einer n-elementigen Menge zu erhalten. Es ist k/n die Wahrscheinlichkeit, irgendeines der k Elemente zu ziehen. Ist dies geschehen, verbleiben noch (n−1) Elemente in der Menge, aus denen eine (k−1)-elementige Teilmenge zu ziehen ist. Der nächste Faktor ist also (k−1)/(n−1), und so geht es weiter, jeweils schrittweise Zähler und Nenner um 1 vermindernd, bis zum k-ten Faktor 1/(n−k+1). Das Produkt dieser Faktoren ist die angesprochene Wahrscheinlichkeit. Wenn man dann noch bedenkt, dass diese Wahrscheinlichkeit für jede beliebige k-elementige Teilmenge dieselbe ist, dann kann man die Anzahl verschiedener k-elementiger Teilmengen einer n-elementigen Menge durch Bildung des Reziprokwertes dieser Wahrscheinlichkeit erhalten.

Mit Hilfe der Binomialkoeffizienten können wir nun schreiben:

$$P_d = 1 - \frac{4 \binom{48}{12}}{\binom{52}{13} - \binom{48}{13}} = 0{,}37. \tag{10}$$

Ein paar erklärende Worte zu diesem Ausdruck sind noch nötig: Zunächst einmal ist der Nenner, also die Zahl

$$\left[\binom{52}{13} - \binom{48}{13} \right],$$

als Differenz der Anzahl aller verschiedenen Bridge-Blätter (also aller verschiedenen Auswahlen von 13 aus 52 Karten) und der Anzahl aller verschiedenen Blätter ohne jegliche Asse zu deuten. Diese Differenz ist, anders ausgedrückt, gleich der Zahl verschiedener Blätter, die *wenigstens* ein Ass enthalten.

Ferner tritt in Formel (10) der Ausdruck

$$4 \binom{48}{12}$$

auf. Dieser Term gibt Auskunft über die Anzahl aller verschiedenen Blätter mit *genau* einem der 4 Asse: Das gegebene Ass bildet eine der 13 Karten. Die verbleibenden 12 anderen Karten können beliebig aus 48 Nicht-Assen ausgewählt werden. Das geht auf

$$\binom{48}{12}$$

Arten. Für jedes der 4 Asse gilt dieselbe Überlegung, was den Faktor 4 erklärt.

Der Quotient in Formel (10) ist also die Wahrscheinlichkeit, dass ein Blatt, von dem ich weiß, dass es ein Ass enthält, kein weiteres Ass enthält. Und P_a ist dann einfach die Restwahrscheinlichkeit zu 1, also die Wahrscheinlichkeit, dass ein Blatt mehr als ein Ass enthält unter der Voraussetzung, dass es ein Ass auf jeden Fall enthält.[27]

Unter der Voraussetzung b. lässt sich entsprechend diese Überlegung anstellen:

$$P_b = 1 - \frac{\binom{48}{12}}{\binom{51}{12}} = 0,56.$$

Hierbei gibt

$$\binom{51}{12}$$

die Zahl der verschiedenen Bridge-Blätter an, die auf jeden Fall das Herz-Ass und eventuell andere Asse enthalten, während

$$\binom{48}{12}$$

die Anzahl unter diesen Blättern angibt, die das Herz-Ass, aber sonst kein weiteres Ass enthalten. Somit ist P_b gleich 1 minus der Quotient der obigen Anzahlen. Denn dann beziffert P_b die Wahrscheinlichkeit, dass ein Blatt mehr als ein Ass enthält unter der Voraussetzung, dass es das Herz Ass ganz sicher enthält.

Damit haben wir zunächst nur die Wahrscheinlichkeiten berechnet. Sie sind verschieden. Das ist das Paradoxon. Aber warum tritt es auf? Wie schleicht es sich ein?

Das Warum und das Wie des Paradoxons lassen sich leichter in vereinfachter Version verstehen. Nehmen wir ein Kartendeck von nicht 52, sondern von nur 3 Karten: Herz-Ass, Pik-Ass und Karo 2. Das ist eine komplexitätsdämpfende Maßnahme und ein neues Setting im Alten. Das Wahrscheinlichkeitenproblem ist dadurch nur noch eine Schrumpfform seiner selbst. Ist diese stark vereinfachte und reduzierte Situation analogiefähig? Aber gewiss! Herr K erhält zwei zufällig ausgewählte Karten. Es gibt 3 mögliche gleich wahrscheinliche 2-Karten-Blätter. Das sind diese

  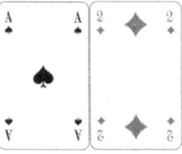

Abbildung 55: Mögliche Auswahlen von 2 aus 3 Karten

Nur eines dieser drei Blätter besteht aus zwei Assen. Demnach ist die Wahrscheinlichkeit, zwei Asse zu ergattern, gleich 1/3.

Nun verkündet Herr K, dass er ein Ass besitzt. Seine Aussage liefert uns gar keine Information, die wir nicht schon besessen hätten, da ja alle drei möglichen Blätter mindestens ein Ass enthalten. Die Wahrscheinlichkeit für zwei Asse im Blatt von Herrn K ist also weiterhin gleich 1/3. Das ist die gesuchte bedingte Wahrscheinlichkeit unter der Voraussetzung a.

Jetzt gehen wir zum Fall b. über. Herr K teilt mit, er habe das Herz-Ass. Diese Information ändert die Sachlage. Nun wissen wir nämlich, dass Herr K nicht das Blatt bestehend aus Pik-Ass und Karo 2 hält, sondern eines der anderen beiden Blätter in Abbildung 55. Eines dieser beiden Blätter enthält zwei Asse. Die Wahrscheinlichkeit, dass Herr K zwei Asse besitzt, ist also jetzt gleich 1/2 und nicht mehr gleich 1/3.

Die Vereinfachung hat einen ausgesprochenen Lehrwert. Das Paradoxon resultiert also aus der Besonderheit der Situation, dass die Nennung der Farbe des Asses eine stärker einschränkende Wirkung auf Blätter mit einem Ass hat als auf Blätter mit zwei Assen.

Kein Jägerlatein

Ein Jäger besitzt zwei Jagdhunde. Bei der Verfolgung einer Wildfährte kommt das Gespann eines Tages zu einer Stelle, an der sich der Weg gabelt. Der Jäger weiß, dass jeder Hund unabhängig vom anderen mit der Wahrscheinlichkeit p den richtigen Weg wählt. Er überlegt sich, dass er jeden der beiden Hunde einen Pfad wählen lassen wird. Wenn beide denselben wählen, wird er diesem Weg folgen. Wählen die Hunde unterschiedliche Pfade, will er eine Münze werfen. Ist diese Strategie besser, als nur einen der Hunde den Weg wählen zu lassen?

V. Seltsames bei Ursache-Wirkungs-Beziehungen

9. Wenn du denkst, der Rückgang der Störche hat die Geburtenrate verringert

Korrelation statt Kausalität

Unser Universum besteht nicht aus voneinander unabhängigen Einzelphänomenen, sondern im Gegenteil aus mehr oder weniger stark miteinander vernetzten Erscheinungen. Natürlich hängt nicht alles kausal mit allem zusammen, aber doch vieles mit manchem. Wenn wir Theorien entwickeln, versuchen wir diese Zusammenhänge zwischen den Dingen aufzudecken. In der Tat, ein großer Teil unseres empirischen Wissens über die Welt stellt Zusammenhänge zwischen Größen her und bemisst die Stärke dieser Beziehungen. Es ist darauf angelegt, die Sicherheit im Umgang mit Unsicherheit zu erhöhen. Die statistische Kausalitätsforschung bemüht sich, Unterschiede in der Häufigkeitsverteilung einer Größe als von einer anderen Größe kausal verursacht nachzuweisen.

Abbildung 56: «Du hast recht, Bender. *Wir* drehen uns um die Glühbirne.» Cartoon von Scott Masear.

"I think you're right, Bender. <u>We</u> revolve around the bulb."

Korrelation eins, die erste. Was wir nun besprechen, ist noch immer eher vorbereitend als direkt zum Kern der Sache. Die Art vieler Beziehungen lässt sich beschreiben durch Aussagen vom Typ «Je ..., desto ...». Ein bequemes Beispiel ist die Beziehung zwischen Größe und Gewicht bei Menschen. Größere Menschen sind in der Regel schwerer. Je größer also jemand ist, desto mehr wiegt er im Mittel. Diesen Typ von Beziehung belegt man mit dem Etikett «positiv korreliert».

Doch veränderliche Größen können auch im umgekehrten Zusammenhang zueinanderstehen, wie etwa die Verkaufszahlen für Regen- und die für Sonnenschirme. Je *mehr* Regenschirme in einer Region in einer Zeit verkauft werden, desto *weniger* Sonnenschirme werden in dieser Region zur selben Zeit verkauft. Und je *weniger* Regenschirme verkauft werden, desto *mehr* Sonnenschirme werden im Mittel verkauft. Man sagt: Diese beiden Größen sind miteinander «negativ korreliert».

Die Untersuchung der Korrelation wird mit Recht eingesetzt, um einen Hinweis darauf zu erhalten, ob zwischen zwei Merkmalen überhaupt ein Zusammenhang besteht. Das kann alles Mögliche sein, von geringer indirekter Interaktion bis hin zu ausgeprägter kausaler Beziehung. Um den Begriff noch etwas genauer zu fassen: Zwei Größen sind dann positiv miteinander korreliert, wenn überdurchschnittliche Werte der einen Größe im Mittel mit überdurchschnittlichen Werten der anderen Größe zusammenhängen. Bei der negativen Korrelation ist es gerade umgekehrt: Überdurchschnittliche Werte der einen Variablen hängen hier im Mittel mit unterdurchschnittlichen Werten der anderen Variablen zusammen. Die Stärke der Korrelation wird mit dem Korrelationskoeffizienten gemessen. Dieser liegt immer im Intervall von –1 bis +1. Je näher der Wert an –1 oder +1 liegt, desto ausgeprägter ist die Korrelation.

Bei der Interpretation von Korrelationen muss man Vorsicht walten lassen. Selbst wenn eine Korrelation zwischen zwei Variablen besteht, so bedeutet das per se noch nicht, dass auch ein ursächlicher Zusammenhang zwischen diesen Variablen gegeben ist. Das erstrebte Hauptziel vieler statistischer Analysen ist die

Begründung eines gültigen Kausalschlusses. Doch eine Korrelation ist nicht zwangsläufig auch eine Kausalität. Ein klares Beispiel für eine bestehende Kausalität ist die zwischen Bruttolohn als Ursache und der Lohnsteuer als Wirkung. Zwischen beiden Variablen besteht auch eine hohe Korrelation.

Ursache und Wirkung, und umgekehrt[28]

Ein Mann geht zum Schneider, um sich einen Maßanzug nähen zu lassen. Eine Woche später kommt er, um das gute Stück abzuholen, und möchte den Anzug gleich tragen. «Aber die Jacke kneift an der Schulter.» – «Kein Problem», sagt der Schneider, «ziehen Sie einfach die linke Schulter nach vorne. Sehen Sie, schon passt er.» – «Ja, aber der rechte Ärmel ist 10 Zentimeter zu lang.» – «Kein Problem», sagt der Schneider «heben Sie einfach die rechte Schulter etwas an, beugen den Ellenbogen ab, biegen den Rücken nach hinten, ziehen das Bein etwas nach und schon sitzt er wie angegossen.» – «Ja, aber wenn ich den Ellenbogen beuge, zieht sich der Kragen zusammen und erwürgt mich fast.» – «Kein Problem», sagt der Schneider, «werfen Sie einfach den Kopf nach hinten links und legen ihn in den Nacken. Dann ist alles wunderbar.» – «Ja, aber jetzt ist die linke Schulter 5 Zentimeter unter der rechten.» – «Kein Problem», sagt der Schneider, «knicken Sie einfach die Hüfte leicht nach rechts ab, dann sind die Schultern wieder auf gleicher Höhe und alles passt tadellos.» Der Mann will nicht weiter meckern, bezahlt und verlässt das Geschäft in gekrümmter, verdrehter und gebeugter Haltung. Er kann sich nur mit unbeholfenen, spastischen Bewegungen fortbewegen. Da begegnet er zwei Passanten. «Sieh dir nur den armen Krüppel an», flüstert der erste. «Es tut einem im Herzen weh.» Darauf der zweite: «Du hast recht. Aber sein Schneider muss ein Genie sein. Sein Anzug sitzt perfekt.»

Um Kausalitätsbeziehungen belegen zu können, sind in der Regel kontrollierte Experimente vonnöten, bei denen die Werte eines Merkmals experimentell vorgegeben und variiert und die zugehörigen Werte des anderen Merkmals im Anschluss daran ermittelt werden. Oft lassen sich aber derartige Experimente wegen zu langer Dauer, zu hoher Kosten oder aus ethischen Gründen nicht durchführen. Der letztgenannte Punkt ist bei medizinischen Studien nicht selten der entscheidende. Daher werden in der Medizin häufig korrelative Studien durchgeführt und dann wie kontrollierte Experimente interpretiert, was aber streng genommen nicht immer gerechtfertigt ist.

Um das Vorliegen kausaler Beziehungen praktisch nachzuweisen, sollte man im Idealfall einen Mechanismus experimentell nachweisen, der das Ursache-Wirkungs-Verhältnis herstellt. Ohne einen derartigen experimentell abgesicherten Mechanismus liefert eine errechnete Korrelation zwar einen Hinweis auf eine Art von Ursächlichkeit, aber auch nicht mehr.

In einem strengen erkenntnistheoretischen Sinn ist Kausalität dagegen nicht beweisbar, da rein empirisch nicht zu belegen ist, dass zwei Ereignisse *notwendig* aufeinanderfolgen. Man kann aber die Hypothese «A verursacht B» aufstellen, diese mit einem experimentellen Design testen und so Kausalität in einem empirisch-pragmatischen Sinn auffassen. Das geschieht etwa so, dass man im Experiment das Eintreten von A gezielt unterdrückt oder Daten heranzieht, in denen das Ereignis A nicht eingetreten ist. Tritt B dennoch ebenso oft ein wie in dem Fall, dass A eintritt, dann kann A nicht die Ursache von B sein. Alternativ kann man den Blick auf Situationen mit dem Ereignis B lenken und feststellen, ob A stets davor oder gleichzeitig mit B eintritt.

Das Testen einer Kausalitätshypothese kann sehr viel Aufwand erfordern. Wenn eine Korrelation zwischen Ereignissen A und B vorliegt, dann kann es dafür verschiedene Gründe geben.

1. A bewirkt B, eventuell auch indirekt.
2. B bewirkt A, eventuell auch indirekt.
3. A und B beeinflussen sich wechselseitig.
4. Ein drittes Ereignis C wirkt zugleich auf A und auf B.
5. A und B treten nur zufällig zusammen auf.

Die Möglichkeit 5 lässt sich durch die Erhebung weiterer Daten prüfen. Bleibt auch bei größer werdendem Datenpool der Zusammenhang bestehen, so spricht man von einer *signifikanten* Korrelation. Diese Formulierung bedeutet, dass die Wahrscheinlichkeit nur gering ist, dass sich der beobachtete Zusammenhang allein durch Zufall eingestellt hat. Oft nimmt man 5 % als Scheidewert: Ist die Wahrscheinlichkeit für zufälliges Zustandekommen kleiner als 5 %, geht man von einem realen Effekt aus.

Die unter Punkt 4 beschriebene Möglichkeit ist häufig Ursache falscher Interpretationen von Korrelation. Dabei steht das Ereignis C für beliebige Störfaktoren. Die Ereignisse A und B können also von einer oder mehreren Variablen gemeinsam beeinflusst werden, was die vermeintliche Korrelation zwischen beiden hervorruft. Kontrolliert man diese Störfaktoren, d. h., untersucht man den Zusammenhang zwischen A und B separat für Klassen gleicher oder ähnlicher Werte von C, so verschwindet die festgestellte Korrelation.

Der Beweis von nicht bestehender Kausalität ist dagegen viel leichter zu führen. Wenn keine Korrelation besteht, besteht auch keine Kausalität.

Scheinkorrelation, dies und jenes. Wir bringen nun einige Beispiele zur Verdeutlichung des Gesagten. Es gibt viele ähnliche Verhältnisse an verschiedenen Schauplätzen.

a. Ist X die Menge an Haarwuchsmittel, die in einem gewissen Zeitintervall aufgetragen wird, und Y der Grad von Glatzköpfigkeit (1 = vollständig kahl, 0 = voller Haarschopf), so wird man bei einer Stichprobe aus der männlichen Bevölkerung in Deutschland eine recht hohe positive Korrelation zwischen den Variablen X und Y erwarten können. Aber kann man daraus auch schließen, dass die Verwendung von Haarwuchsmitteln Glatzköpfigkeit verursacht?

b.[29] In einer Studie wurde festgestellt, dass in der Altersgruppe der sechs- bis zehnjährigen Schulkinder eine positive Korrelation von r = 0,45 zwischen dem Körpergewicht der Kinder und ihrer manuellen Geschicklichkeit besteht. Diese Korrelation gibt zunächst zu denken, ist sie doch kontraintuitiv. Die Erfahrung lehrt, wenn überhaupt, eher einen negativen Zusammenhang. Man kann die bestehende Korrelation aber erklären, indem man berücksichtigt, dass mit zunehmendem Alter die Kinder einerseits geschickter und andererseits auch schwerer werden. Werden mehrere Altersgruppen bei der Untersuchung gepoolt, stellt sich der korrelative Zusammenhang als Artefakt ein. Um eine sinnvolle Analyse zu gewährleisten, muss man den

Einfluss des Alters bei der Untersuchung des Zusammenhangs ausschließen. Dazu könnte man die Kinder in Gruppen annähernd gleichen Alters einteilen und in diesen Altersgruppen separat jeweils die Korrelation zwischen Gewicht und Geschicklichkeit berechnen.

c. Ermittelt man den Hämoglobingehalt des Blutes und die Oberfläche der roten Blutkörperchen, so stellt man eine ausgeprägte positive Korrelation fest. Lehn, Müller-Gronbach & Rettig (2000) präsentieren Daten für den Hämoglobingehalt pro 100 ccm Blut (Merkmal X) und die mittlere Oberfläche der Erythrozyten (Merkmal Y). Als Korrelationskoeffizient der gesamten Datenreihe ergibt sich der Wert r = 0,80. Diese hohe positive Korrelation verschwindet aber, wenn man Männer und Frauen getrennt untersucht. Dann stellen sich die statistisch nicht mehr signifikanten Werte r = 0,26 (bei den Frauen) und r = 0,14 (bei den Männern) ein. Die Inhomogenität der Stichprobe hat die hohe Korrelation herbeigeführt. Man bezeichnet den Effekt als Inhomogenitäts-Korrelation.

d. Vor einiger Zeit wurde von einer Arbeitsgruppe in Philadelphia eine Studie[30] publiziert, die eine starke Korrelation feststellte zwischen der Tatsache, dass Eltern nachts ein Nachtlicht im Kinderzimmer brennen lassen, und der Entwicklung von Kurzsichtigkeit beim Kind. Diese Studie erregte großes Medieninteresse. Eine andere Forschergruppe aus Ohio,[31] die sich etwas später derselben Thematik erneut annahm, konnte zwar keinen ursächlichen Zusammenhang zwischen Nachtlichtern und Kurzsichtigkeit etablieren, doch fand sich eine Korrelation zwischen der Kurzsichtigkeit der Eltern und Kurzsichtigkeit bei ihren Kindern. Zusätzlich bestand eine Korrelation zwischen Kurzsichtigkeit bei Eltern und deren Neigung, nachts im Kinderzimmer ein Nachtlicht brennen zu lassen. Anders gewendet: Kinder, deren Eltern kurzsichtig sind, haben eine größere Wahrscheinlichkeit als andere Kinder zum einen, ein Nachtlicht im Zimmer zu haben, und zum anderen, von ihren Eltern die Kurzsichtigkeit geerbt zu haben. Sowohl die Kurzsichtigkeit der Kinder als auch der Einsatz von Nachtlichtern im Kinderzimmer werden also von der Kurzsichtigkeit der Eltern verursacht. Eine direkte ursächliche Beziehung zwischen Nachtlichtern und Kurzsichtigkeit der Kinder wurde in genau kontrollierten Studien dagegen nicht bestätigt.[32]

Und zum Abschluss dieser kleinen Kollektion bringen wir noch ein Beispiel, das mit einem Augenzwinkern hinzugefügt sei. Noch kein Seminar wurde über die Frage veranstaltet, noch keine Dissertation darüber verfasst, ob die Klapperstörche nicht doch etwas mit den Babys zu tun haben. Nun denn, gehen wir diesem Thema einmal selbst auf den Grund, und zwar datengestützt. Wir wollen unsere Überlegungen also gleich mal am lebenden Objekt testen.

Die Theorie vom Storch. Betrachten Sie doch einmal die folgende Tabelle.[33]

Land	Fläche (in km^2)	Störche (Anzahl der Paare)	Geburten (pro 1000 und Jahr)
Albanien	28750	100	83
Belgien	30520	1	87
Bulgarien	111000	5000	117
Dänemark	43100	9	59
Deutschland	357000	3300	901
Frankreich	544000	140	774
Griechenland	132000	2500	106
Holland	41900	4	188
Italien	301280	5	551
Österreich	83860	300	87
Polen	312680	30000	610
Portugal	92390	1500	120
Rumänien	237500	5000	23
Spanien	504750	8000	439
Schweiz	41290	150	82
Türkei	779450	25000	1576
Ungarn	93000	5000	124

Tabelle 19: Fläche, Störche und Geburten für 17 Länder Europas

Sie enthält Daten über die Anzahl brütender Storchenpaare für 17 europäische Länder sowie die mittlere Anzahl von Geburten pro Jahr im jeweiligen Land für das Jahrzehnt 1980–1990. Es ergibt sich eine statistisch hochsignifikante Korrelation von 0,61 zwischen Storchenzahl und Geburtenzahl. Je mehr Störche, desto mehr Geburten in einem Land!

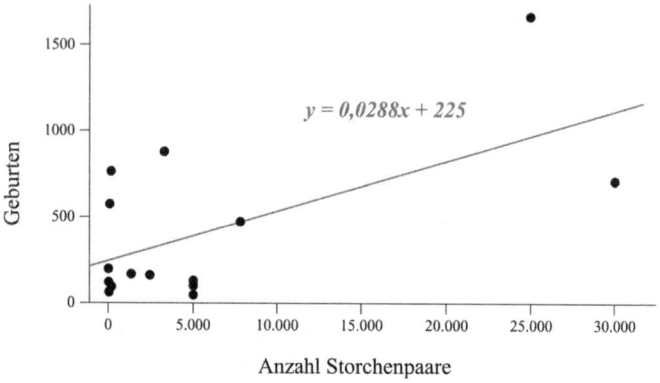

Abbildung 57: Storchenzahl und Geburtenrate nach Matthews (2001)

Bringt also doch der Klapperstorch die Babys?

Auch hier kann man nicht von einer ermittelten Korrelation auf einen bestehenden Ursache-Wirkungs-Zusammenhang schließen. Im vorliegenden Fall gibt es eine dritte Variable, die sowohl die Storchenpopulation als auch die Geburtenzahl positiv beeinflusst. Und zwar ist es die Größe des Landes, gemessen etwa durch seine Fläche. Je flächengrößer ein Land ist, desto mehr Störche siedeln in ihm. Die Korrelation zwischen diesen beiden Variablen beträgt r = 0,58. Und zweitens: Je größer ein Land ist, desto mehr Babys werden in ihm geboren. Die Korrelation zwischen diesen beiden Variablen beträgt sogar r = 0,90. Die gefundene Korrelation zwischen Storchenzahl und Neugeborenenzahl ist lediglich eine Scheinkorrelation. Es ist das Merkmal Landesgröße als Störvariable, die sie hervorruft.

Eine ähnlich ausgeprägte Korrelation findet sich übrigens,

wenn für ein und dieselbe Region[34] Storchzahlen und Geburten-
raten in der zeitlichen Entwicklung miteinander verglichen werden. Auch dann stellt sich als guter mathematischer Konversa-
tions-Starter ein signifikanter Zusammenhang mit überzufällig
stark positiver Korrelation ein. Doch abermals ist der Zusammenhang zwischen Storchenzahl und Geburtenzahl nicht kausal. Endlich hat es uns mal jemand gesagt.

Hier ist die zugrunde liegende Drittvariable die mit der Zeit
zunehmende Industrialisierung und die damit verbundene Tendenz zur Verstädterung. Beides führte einerseits zu einer Vertrei-
bung der Storche nebst Dezimierung ihrer Population und andererseits zu einem höheren Anteil von Kernfamilien, die gegenüber den Großfamilien der früheren Zeiten typischerweise
weniger Kinder haben. Auch ging durch bessere Bildungs- und
Berufschancen für Frauen im Zuge fortschreitender Industrialisierung die Geburtenrate zurück.

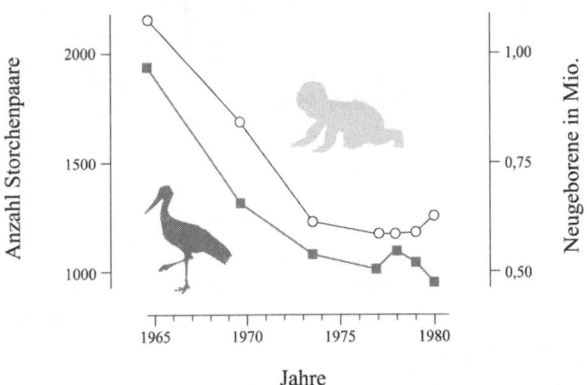

Abbildung 58: Eine U-Grafik zur U-Mathematik: Zahl der Storchenpaare und der
Neugeborenen in der Bundesrepublik (1965–1980), Daten nach Sies (1988).

Es gibt zwischen beiden Kurven in der Abbildung einen eindeutig synchronen Verlauf. Aber eben nur eine Scheinkorrelation.
Noch was Daten(schein)analytisches gefällig? Ja! Die bundesre-
publikanischen Störche werden offenbar erst von ihrem zweiten

Lebensjahr an für schwarzrotgoldige Neugeborenen-Lieferungen eingesetzt: Man vergleiche den Anstieg für 1977/78 bei der Storch-Kurve mit dem Anstieg für 1979/80 bei der Baby-Kurve. Wäre ich Ornithologe, wäre ich mir vielleicht zu schade gewesen, einen solchen Satz aufzuschreiben. Aber so ...

Boss, can you check the address again, I've got a bad feeling about this one!

Abbildung 59: «Chef, können Sie bitte die Adresse noch einmal prüfen. Ich habe ein schlechtes Gefühl bei der Sache.» Cartoon von Hagen Cartoons (Christophe «Hagen» Granet).

Wir nähern uns dem Schluss. Generell ist die Deutung von Korrelation bei Zeitreihen (also zum Beispiel bei täglich, monatlich, jährlich gemessenen Größen) eine schwierige Angelegenheit. Sofern zwei untersuchte Zeitreihen auch nur irgendeinen zeitlichen Trend mit annähernd linearen Komponenten aufweisen, was bei vielen realen Zeitreihen der Fall ist, sind sie dadurch ganz automatisch entweder positiv oder negativ miteinander korreliert.

Die Sache mit den Störchen und den Babys ist ein offensichtliches Fallbeispiel dafür, dass hohe Korrelation ohne Kausalbeziehung möglich ist. Das ist ganz ähnlich bei der Entwicklung der Schnapspreise und der Pastorengehälter. Auch die sind stark positiv miteinander korreliert. Dahinter stehen als Drittvariable die allgemeine Inflationsentwicklung und die damit verbundene

Anpassung der Löhne und Gehälter nebst gleichzeitigem Anstieg der Preise, unter anderem für Schnaps.

Die Gefahr besteht immer, dass es sich bei einer festgestellten Korrelation um eine Scheinkausalität handelt. Ein stark überzeichnetes, aber dadurch pädagogisch wirksames Beispiel soll dieses Kapitel beschließen: Das Merkmal, mit Schuhen an den Füßen zu schlafen, ist besonders stark korreliert mit dem Merkmal, am darauffolgenden Morgen mit Kopfschmerzen zu erwachen. Aber die Schuhe an den Füßen beim Schlafen verursachen keine Kopfschmerzen. Eine plausiblere Erklärung ist vielmehr, dass es eine versteckte Ursache gibt, die für beides verantwortlich ist – mit den Schuhen ins Bett zu steigen und mit Kopfschmerzen am nächsten Morgen aufzuwachen: übermäßiger Alkoholkonsum.

Allzweckwaffe

Mit Statistik kann man alles beweisen, sogar die Wahrheit. Also bin ich für Statistik.

Marcel Reich-Ranicki

---

10. Wenn mehr Wählerstimmen weniger Sitze für eine Partei bedeuten

Wählerzuwachs-Paradoxa[35]

Wahlen im Sinne der Politikwissenschaft sind formalisierte Prozesse, bei denen eine Gruppe von Wählern aus einem Pool von Alternativen auswählt. Es sind Abstimmungen über Personen, Parteien, Themen oder Handlungsoptionen. Sie dienen dem fairen Interessenausgleich in Gruppen. Das Wahlsystem ist der Modus, nach dem aus individuellen Präferenzen der einzelnen Wähler eine kollektive Präferenzliste erstellt wird.

Was könnte eindeutiger und objektiver sein, als bei Meinungsverschiedenheiten einfach abzustimmen?

Weit gefehlt. Das Thema Wahlen und Wählen ist ein mit Seltsamkeiten und Großproblemata reich gespicktes Terrain. Selbst weithin akzeptierte Wahlsysteme können eine ganze Reihe von paradoxen Eigenschaften aufweisen und Kuriositäten an den Tag legen.

Um Sie ganz schonend auf den Geschmack zu bringen: Die folgende Geschichte gehört zur Folklore, die sich um den amerikanischen Philosophen Sidney Morgenbesser rankt. Einmal nach dem Mittagessen im Restaurant möchte der Philosoph ein Dessert bestellen. Die Speisekarte bietet Apfelkuchen, Erdbeereis und Kirschtorte. Morgenbesser bestellt den Apfelkuchen. Die Bedienung nickt. Kurz darauf kommt sie nochmals an seinem Tisch vorbei und sagt, dass es ohnehin keine Kirschtorte mehr gebe. Darauf Morgenbesser: «Wenn das so ist, hätte ich lieber das Erdbeereis.»

Macht das Sinn?

Überhaupt nicht!

Da sind wir uns einig. Doch genau diese ungewohnte Unlogik stellt sich bei Anwendung vieler populärer Verfahren des Wählens ein. In der Theorie der Wahlsysteme belegt man diese Eigenart mit dem Begriff *Sensitivität gegenüber irrelevanten Alternativen*. Im obigen Fall ist die Kirschtorte eine irrelevante Alternative für die Entscheidung zwischen Apfelkuchen und Erdbeereis. Man kann sich vorstellen, dass angesichts der drei Optionen Morgenbesser ursprünglich Apfelkuchen bestellt hat, weil er Apfelkuchen Erdbeereis vorzieht und Erdbeereis Kirschtorte (oder weil er Apfelkuchen Kirschtorte vorzieht und Kirschtorte Erdbeereis). Wenn aber die Kirschtorte als Möglichkeit entfällt, dann kehrt sich seine Präferenzreihung zwischen Apfelkuchen und Erdbeereis plötzlich um und das Erdbeereis wird gegenüber dem Apfelkuchen favorisiert. Ein paar gängige Wahlsysteme reagieren bei Wegfall bestehender oder umgekehrt bei Hinzunahme weiterer Wahlalternativen genau in der beschriebenen Weise und zeigen damit eine Art von kollektiver Ranglisten-Unordnung oder gar -Irrationalität. Das sind keine Petitessen.

Sturz der Präferenzordnung. Man muss nicht einmal allzu tief schürfen, um bei einigen Wahlsystemen auf diese Disposition zu stoßen. Betrachten wir einmal folgendes Wahlergebnis zwischen drei Alternativen.

Mehrheitswahl				
Präferenzen	Prozente	A	B	C
A > B > C	45	45		
B > C > A	30		30	
C > B > A	25			25
Gesamt	**100**	**45**	**30**	**25**
Ergebnis	**A gewinnt!**			

Tabelle 20: Mehrheitswahl zwischen drei Alternativen A, B, C.

Die Tabelleneinträge sind so zu lesen: 45 Prozent der Wähler bevorzugen die Alternative (z. B. den Kandidaten) A gegenüber B und B gegenüber C, 30 Prozent bevorzugen B gegenüber C und C gegenüber A, 25 Prozent bevorzugen C gegenüber B und B gegenüber A. Wer gewinnt die Wahl? Bei Mehrheitswahlrecht gewinnt A mit 45 Prozent der Stimmen vor B mit 30 Prozent und C mit 25 Prozent.

Das scheint eindeutig und fair. Eine relative Mehrheit präferiert Kandidat A als erste Wahl.

Doch spielen wir einmal den hypothetischen, aber nicht unrealistischen Fall durch, C hätte als schwächster Kandidat seine Kandidatur wegen Aussichtslosigkeit schon im Vorfeld zurückgezogen. Dann hätten wir es nach Streichung von C mit dieser Situation zu tun:

Mehrheitswahl			
Präferenzen	Prozente	A	B
A > B	45	45	
B > A	55		55
Gesamt	**100**	**45**	**55**
Ergebnis	**B gewinnt!**		

Tabelle 21: Mehrheitswahl zwischen den beiden Alternativen A und B, wenn C ausscheidet.

Wenn C nicht mehr zur Verfügung steht, fallen die vormals getrennten Präferenzreihungen B > C > A und C > B > A zum Fall B > A zusammen, auf den nun 30 % + 25 % der Wähler entfallen. Die vergleichende Inspektion der Tabellen 20 und 21 lässt erkennen, dass bei einer 3er-Wahl A nur von einer Minderheit von 45 Prozent für Platz 1 favorisiert wird. Diese Minderheit kann sich dennoch als relative Mehrheit durchsetzen, weil die Opposition gegen A gespalten und zu fast gleichen Teilen auf B und C verteilt ist.

Entfällt aber C als Alternative, ist die gesamte Opposition gegen A auf B vereinigt und wird so zur Mehrheitsposition. Zieht C zurück, ist B plötzlich Wahlsieger und nicht mehr A.

Es liegt in der Natur der Sache von Wahlentscheiden, dass diese Art der Sensitivität bei Anwendung eines Wahlsystems sehr störend sein kann. Eine naheliegende Anforderung an alle Entscheidungssysteme und speziell an Wahlsysteme ist deshalb diese:

Wenn A gegenüber B bevorzugt wird in der Auswahlmenge {A, B}, dann sollte die Einführung einer weiteren Alternative C und die damit verbundene Vergrößerung der Auswahlmenge zu {A, B, C} nicht dazu führen, dass nun B gegenüber A bevorzugt wird. Und entsprechend umgekehrt bei Wegfall der Alternative C aus der Auswahlmenge {A, B, C}.

Dieses Setting diente uns nur zum Aufwärmen. Ich hoffe, es hat aber auch die Funktion erfüllt, Ihren Glauben an die Objektivität von Wahlsystemen immerhin schon geringfügig zu untergraben.

Um den ganzen Wirrwarr, der bei Wahlen entstehen kann, in melodramatisierendem Breitwandformat aufzuzeigen, wollen wir uns ein wenig mit einem Entscheidungsproblem zwischen vier Alternativen A, B, C, D befassen. Es gibt beliebig viele Anwendungssituationen: Das Internationale Olympische Komitee muss aus vier Bewerbern für eine Olympiade die Ausrichterstadt benennen, oder eine Jury muss aus vier Nominierten den Preisträger auswählen.

Gehen wir nun davon aus, dass jeder Wähler eine Präferenzliste hat. Die Präferenzen der Wähler können wie zuvor übersichtlich in einer Tabelle zusammengefasst werden. Um unsere Argumentation konkret zu machen, nehmen wir folgende Präferenzen des Wahlvolkes an:[36]

Präferenzen	Prozente
A > B > C > D	10
A > C > D > B	9
A > D > B > C	11
B > C > D > A	22
C > D > B > A	23
D > B > C > A	25
Gesamt	**100**

Tabelle 22: Präferenzen der Wähler bei vier Alternativen A, B, C, D

Diese Tabelle teilt uns mit: Insgesamt 10 Prozent der Wähler bevorzugen A gegenüber B, B gegenüber C, C gegenüber D. Entsprechendes gilt für die anderen Zeilen bis hin zu 25 Prozent der Wähler, die D gegenüber B, B gegenüber C, C gegenüber A bevorzugen.

Was tun und wie? Wie kann man aufgrund dieser Präferenzlisten auf faire Weise einen Gesamtsieger küren?

Offensichtlich gibt es Meinungsverschiedenheiten. Keine der vier Alternativen wird von allen gegenüber den anderen Alternativen favorisiert. Die Daten müssen also nach irgendeinem sinnvollen Schlüssel auf eine der Alternativen verdichtet werden. Das ist funktional gesehen der eigentliche Zweck von Wahlsystemen. Prozedural betrachtet, handelt es sich bei Wahlsystemen also um Routinen, die aus einer Kollektion von individuellen Präferenzlisten eine kollektive Präferenzliste erstellen.

Ein beliebtes und weithin gebräuchliches Wahlsystem ist der Mehrheitsentscheid. Hierbei kann jeder Wähler genau eine Alternative auswählen. Durch die Anzahl der Stimmen, die auf jede Alternative entfallen, ergibt sich eine Reihung. Die Alternative mit den meisten Stimmen gewinnt die Wahl. Ganz einfach, naheliegend, wohlbekannt und vielfach erprobt ist das.

Was liefert der Mehrheitsentscheid in unserem Beispiel?

Mehrheitswahl					
Präferenzen	Prozente	A	B	C	D
A > B > C > D	10	10			
A > C > D > B	9	9			
A > D > B > C	11	11			
B > C > D > A	22		22		
C > D > B > A	23			23	
D > B > C > A	25				25
Gesamt	**100**	**30**	**22**	**23**	**25**
Ergebnis	**A gewinnt!**				

Tabelle 23: Mehrheitsentscheid im Pivato-Beispiel

Der Sieger durch Mehrheitsentscheid ist A.

Das scheint eindeutig und berechtigt. Und dabei könnte man es belassen. Doch bei näherem Hinsehen hat die Ausrufung von A als Gesamtsieger einen eklatanten Schönheitsfehler. Im unmittelbaren Vergleich bevorzugt jeweils eine Mehrheit von Wählern jede der anderen Alternativen gegenüber A. In direkten Zwei-kämpfen behält A gegenüber keinem seiner Konkurrenten die Oberhand: 22 % + 23 % + 25 % = 70 Prozent favorisieren B gegen-über A, 22 % + 23 % + 25 % = 70 Prozent favorisieren C gegenüber A, 22 % + 23 % + 25 % = 70 Prozent favorisieren D gegenüber A. Das ist ein Makel, der das Gerechtigkeitsempfinden beträcht-lich stören könnte. Er ist aber eine inhärente Eventualität des Mehrheitsentscheids als Wahlmodus. Diese Eigenart gibt uns hier Anlass zu der Frage: Wenn A jedes Duell verliert, wie konnte er dann überhaupt gewinnen?

Eine genaue Durchleuchtung der Daten liefert die Antwort. Zwar hat A eine relative Mehrheit für sich, aber die absolute Mehrheit der Wähler gegen sich. Er befindet sich jedoch insofern im Glück, als seine Gegner untereinander zerstritten sind und sich aufspalten in Befürworter von B, C und D. Das tun sie so ausgewogen, dass A mit seiner relativen Mehrheit gerade noch den Sieg davonträgt.

Dieses Phänomen ist eine der wohlbekannten Schwächen von reinen Mehrheitsentscheiden. Mithin könnte man den Mehr-heitsentscheid mit guten Gründen als zu grobkörnig kritisieren. In der Detailauswertung der individuellen Präferenzlisten ist er oberflächlich, weil er von allen vorliegenden Informationen nur verarbeitet, welche Alternative an der jeweils ersten Stelle der jeweiligen Präferenzordnungen steht. Damit ist ein großer Infor-mationsverlust verbunden. Und diese frei flottierenden, unge-nutzten Informationen können Seltsamkeiten der beschriebenen Art erzeugen.

Eine Verbesserung, die in der Praxis gerne vorgenommen wird, besteht darin, noch einen zweiten Wahlgang einzuführen, bei dem nur die beiden Erstplatzierten des ersten Wahlgangs gegen-einander antreten.

Im Pivato-Szenario hätte das folgende Auswirkung. Im zwei-ten Wahlgang würden A und D zur Wahl stehen. D ginge daraus mit 70 % als haushoher Sieger hervor. Bei dieser Verfeinerung des Mehrheitsentscheides wäre D gewählt.

Ist D ein Gesamtsieger, der unserem Sinn für Gerechtigkeit

mehr entspricht als A? Das ist keine ganz einfache Frage. Eine Untersuchung der Präferenzlisten und Prozente macht aber bald deutlich: 10 % + 9 % + 22 % + 23 % = 64 Prozent der Wähler geben C im direkten Vergleich mit D den Vorzug. Das ist ärgerlich. Faktisch liegt es daran, dass die Gegner von D (obige 64 Prozent) sich auf B (32 Prozent) und C (32 Prozent) verteilen. So konnte D im ersten Mehrheitsentscheid den zweiten Platz erringen, obwohl er in direkter Konkurrenz mit C den Kürzeren zieht. Hat also wieder der falsche Kandidat gewonnen? Die Befürworter von C könnten dies denken.

Auch der um einen zweiten Wahlgang ergänzte Mehrheitsentscheid kann also nicht rundum überzeugen. Probieren wir einen anderen Modus. Etwa den, der in manchen Sportarten, wie zum Beispiel Tennis, eingesetzt wird. Lassen wir die Kontrahenten in einer Serie von direkten Zweikämpfen gegeneinander antreten. Im direkten Vergleich von A und B gewinnt B mit 70 : 30 Prozentpunkten, anschließend gewinnt B gegen C mit 68 : 32 und im letzten Zweikampf, dem Finale, unterliegt B gegen D mit 32 : 68. Ist D also doch ein überzeugender Gesamtsieger?

Dies zu denken wäre mit einigem Recht möglich, zumal wenn D bei jeder beliebigen Reihung der Zweikämpfe am Ende die Oberhand behielte. Und das ist des Pudels Kern. Denn siehe da, mit einer anderen Abfolge der paarweisen Vergleiche hätten wir kurioserweise einen anderen Gesamtsieger: Wenn wir hinten anfangen und zuerst D gegen C antreten lassen, gewinnt C mit 64 : 36, den Vergleich mit B gewinnt anschließend B mit 68 : 32. Endlich gewinnt B auch noch gegen A mit 70 : 30 und ist der Champion.

Das ist abermals ein anderes Ergebnis. Es ist aber noch nicht das Ende einer Fahnenstange der Verwirrung. Starten wir nämlich mit dem Duell A gegen D, dann gewinnt D mit 70 : 30, tritt D anschließend gegen B an, gewinnt D mit 68 : 32 und im Wettbewerb mit C gewinnt C mit 64 : 36. Damit ist C jetzt der Gewinner.

Als Ergebnis ist festzuhalten, dass der Gesamtsieger ganz entscheidend von der Reihenfolge der durchgeführten Zweikämpfe abhängt. Im Sport hatten wir so etwas immer schon insgeheim gedacht. Doch bei etwas zahlenmäßig so Objektivem wie einer Wahl? Jeder der Kontrahenten B, C, D kann bei geeigneter Reihenfolge der Duelle die Wahl gewinnen. Und so könnte der Wahlleiter bei Festlegung einer entsprechenden Reihenfolge einen von ihm gewünschten Sieger küren. Dieser Modus der paarweisen Vergleiche scheint ebenso wenig zu einer befriedigenden Siegerauswahl zu führen. Ein Gefühl der Ratlosigkeit stellt sich ein. Wahlen und Zahlen erweisen sich hier alles andere als objektiv.

Als wandelndes Prinzip Hoffnung fragen wir: Was kann man sonst noch veranstalten, um bei Meinungsdissenz der Objektivität und Überparteilichkeit eine faire Chance zu geben? Darüber haben sich schon viele Menschen den Kopf zerbrochen. Unter anderem auch der Londoner Rechtsanwalt Thomas Hare (1806 – 1891), nach dem die *Hare'sche Rangfolgewahlmethode* benannt ist. Sie wird auch als *Instant-Runoff-Voting* (IRV) bezeichnet. Es ist ein Wahlsystem mit sofortiger Stichwahl. Dabei wird aus den individuellen Präferenzordnungen der Wähler nach einem bestimmten Modus eine einzige Rangliste als Wahlergebnis aggregiert. Der Modus ist der folgende:

Bei der Auszählung der Stimmen wird zuerst ermittelt, welcher Kandidat die wenigsten Platz-1-Stimmen bekommen hat. Dieser wird aus allen Wahlzetteln eliminiert. Die nachgeordneten Kandidaten rücken auf. Dieses Verfahren der Streichung eines Kandidaten wird schrittweise wiederholt, bis nur noch zwei Kandidaten für das Finale im Rennen sind. Im Finale gewinnt der Kandidat mit der höheren Stimmenzahl. Das Verfahren kann unter Umständen vorzeitig beendet werden, wenn ein Kandidat mehr als die Hälfte aller Platz-1-Stimmen verbuchen kann. Dieser Kandidat wird auch bei fortgesetzter Auszählung der Stimmen von keinem anderen mehr eingeholt werden können.

Die Anwendung dieser Methode führt in unserem laufenden Beispiel zunächst auf folgende Tabelle:

Hare'sche Rangfolgewahlmethode					
Präferenzen	Prozente	A	B	C	D
A > B > C > D	10	10			
A > C > D > B	9	9			
A > D > B > C	11	11			
B > C > D > A	22		22		
C > D > B > A	23			23	
D > B > C > A	25				25
Gesamt	**100**	**30**	**22**	**23**	**25**
Ergebnis	**Kein Kandidat hat die absolute Mehrheit. B ist Verlierer.**				

Tabelle 24: Ausgangstabelle für die Hare'sche Rangfolgewahlmethode

Nun wird für den nächsten Schritt die Alternative B aus allen individuellen Präferenzlisten gestrichen. Das Ergebnis ist die vereinfachte Tabelle:

Hare'sche Rangfolgewahlmethode				
Präferenzen	Prozente	A	C	D
A > C > D	19	19		
A > D > C	11	11		
C > D > A	45		45	
D > C > A	25			25
Gesamt	**100**	**30**	**45**	**25**
Ergebnis	**Kein Kandidat hat die absolute Mehrheit. D ist Verlierer.**			

Tabelle 25: Erstes Zwischenstadium der Hare'schen Rangfolgewahlmethode

Nun wird D eliminiert. Und nach Eliminierung von D gelangen wir zur Tabelle

Hare'sche Rangfolgewahlmethode			
Präferenzen	Prozente	A	C
A > C	30	30	
C > A	70		70
Gesamt	**100**	**30**	**70**
Ergebnis	**C ist Gesamtsieger!**		

Tabelle 26: Endstadium der Hare'schen Rangfolgewahlmethode

Dieses Verfahren hat uns nun C als Sieger beschert.

Zur Einschätzung der Methode ist zu sagen: Auch das Hare-Verfahren basiert auf dem Mehrheitsprinzip, bemüht sich aber im Unterschied zum reinen Mehrheitsentscheid, durch Berücksichtigung auch hinterer Listenplätze die Beliebtheit der einzelnen Wahlmöglichkeiten genauer in das Ergebnis einzubringen.

Das Hare'sche Verfahren ist von nicht nur theoretischem Interesse. Diese Form der Rangfolgewahl wird derzeit in Australien zur Wahl der Mitglieder des Repräsentantenhauses und in Irland immerhin bei der Präsidentenwahl eingesetzt. Auch bedient sich das Internationale Olympische Komitee zur Ermittlung der ausrichtenden Stadt des Hare-Verfahrens. Dieser Algorithmus macht als Anwärter für den Kreis ausgewogener Wahlsysteme keinen schlechten Eindruck. Jedenfalls bei erstem Hinschauen. Leider hat aber auch dieses System seine paradoxen Probleme. Man muss allerdings tiefer schürfen, um sie zu erkennen.

Um sie minimalinvasiv herauszuarbeiten, nehmen wir eine kleine Modifikation am Wahlergebnis vor. Sagen wir, einige der insgesamt 25 % der Wähler mit der Präferenzreihung D > B > C > A hätten stattdessen für C > D > B > A votiert, so dass wir nun 21 % mit D > B > C > A und 27 % mit C > D > B > A haben. Mit anderen Worten: C ist bei 4 % des Wahlvolkes vom dritten Platz der Präferenzliste auf den ersten Platz hoch befördert worden. Alle anderen Ranglistenbeziehungen bleiben völlig unverändert. C steht beim Wahlvolk nach diesem kleinen chirurgischen Eingriff noch etwas besser da als zuvor. Das kann ihn freuen. Für A, B, D bleibt alles unverändert. Aber C war schon vorher der Wahlsieger und sollte jetzt nach dieser für ihn günstigen Änderung der öffentlichen Meinung umso weniger zu befürchten haben. Kann für C denn etwas schiefgehen?

Aber ja! Denn wenn wir das Hare-Verfahren auf die neuen, C-freundlicheren Daten anwenden, ergibt sich ganz überraschenderweise ein anderer (!!) Gesamtsieger. Im Ernst. Es ist jetzt B. Denn C wird, nachdem D in der ersten Runde ausscheidet, schon in der zweiten Runde eliminiert. Man muss sich das wirklich einmal auf der Zunge zergehen lassen: Eine für C günstige Modifikation kostet ihn den Gesamtsieg. Eigentlich darf das nicht sein. Die Schlussfolgerung kann deshalb nur lauten: Auch das Hare-Verfahren hat seine objektiv belegbaren Schattenseiten.

Wir ziehen eins weiter. Und begeben uns auf die Suche nach ausgeklügelteren Prozeduren. Als Weiterentwicklung der reinen Mehrheitswahl können wir für jeden Wähler nicht nur den von ihm Erstplatzierten, sondern zusätzlich seinen Zweitplatzierten in die Abrechnung einbeziehen. In Ermangelung einer griffigen Bezeichnung hierfür sprechen wir von Spitzenduo-Methode.

Spitzenduo-Methode					
Präferenzen	Prozente	A	B	C	D
A > B > C > D	10	10	10		
A > C > D > B	9	9		9	
A > D > B > C	11	11			11
B > C > D > A	22		22	22	
C > D > B > A	23			23	23
D > B > C > A	25		25		25
Gesamt	**100**	**30**	**57**	**54**	**59**
Ergebnis	**D ist Gesamtsieger!**				

Tabelle 27: Spitzenduo-Methode im Pivato-Beispiel

Jetzt wird plötzlich D zum Gesamtsieger erkoren.

Mit noch besseren Argumenten ließe sich die Ansicht vertreten, statt bei jedem Wähler nur das Spitzenduo auszuwerten, entsprechend sogar das Spitzentrio zu würdigen, um die vorliegenden Präferenzlisten noch detaillierter widerzuspiegeln. Diese Spitzentrio-Methode liefert in analoger Weise:

Spitzentrio-Methode					
Präferenzen	Prozente	A	B	C	D
A > B > C > D	10	10	10	10	
A > C > D > B	9	9		9	9
A > D > B > C	11	11	11		11
B > C > D > A	22		22	22	22
C > D > B > A	23		23	23	23
D > B > C > A	25		25	25	25
Gesamt	**100**	**30**	**91**	**89**	**90**
Ergebnis	**B ist Gesamtsieger!**				

Tabelle 28: Spitzenduo-Methode im Pivato-Beispiel

Und wiederum haben wir ein ganz anderes Ergebnis! Ansätze von Depression machen sich breit.

Aber wir geben nicht auf. Die Spitzentrio-Methode ist genau genommen eine Prozedur, welche die Rangplätze der Kandidaten gewichtet. Dabei bekommen die Rangplätze 1 bis 3 dasselbe Gewicht zugeordnet und der Ranglistenplatz 4 erhält das Gewicht 0. Man kann dieses System noch verfeinern, wenn man unterschiedlichen Ranglistenplätzen auch unterschiedliche Gewichte zuweist und so die Listenplätze in differenziertere und gerechtere Punktwertungen umsetzt.

Verbucht man einem Kandidaten 3 Punkte für jeden ersten Ranglistenplatz bei einem Wähler und dann abgestuft 2, 1, 0 Punkte für einen zweiten, dritten, letzten Ranglistenplatz, dann erhält man eine Variante der sogenannten Borda-Methode.[37]

Diese Feinwertung ist das nächste Stück in unserer kleinen Kompilation. Nach dieser Methode erhält, anders formuliert, ein Kandidat von einem Wähler so viele Punkte, wie er nach Meinung dieses Wählers Zweikämpfe gegen die anderen Kandidaten gewinnen würde.

Eine Borda-Methode wird in leicht abgewandelter Form beim Eurovision-Song-Contest angewendet.

Borda-Zählung					
Präferenzen	Prozente	A	B	C	D
A > B > C > D	10	30	20	10	
A > C > D > B	9	27		18	9
A > D > B > C	11	33	11		22
B > C > D > A	22		66	44	22
C > D > B > A	23		23	69	46
D > B > C > A	25		50	25	75
Gesamt	**100**	**90**	**170**	**166**	**174**
Ergebnis	**D ist Gesamtsieger!**				

Tabelle 29: Die Borda-Zählweise im Pivato-Beispiel

Die Borda-Auszählung einer Wahl ist eine Nuancierung von Mehrheitsentscheid, Spitzenduo- und Spitzentrio-Methode (allgemein von jeder k-Spitzenreiter-Methode). Borda war der Ansicht, dass der Wählerwille präziser in ein Punktesystem übertragen werden sollte, als es mit den herkömmlichen Methoden möglich sei. Daran mangelt es den bisherigen Methoden noch hinten und vorne.

Doch wer die Borda-Methode zum Nonplusultra erklären will, hat seine Rechnung ohne das Milchmädchen gemacht. Auch die Borda-Methode hat ihre Nachteile. Ganz eklatant leidet sie an der Sensitivität gegenüber irrelevanten Alternativen, die wir als Manko bereits im Einstieg zu diesem Kapitel erwähnt haben. Ferner lädt sie geradewegs zu taktischem Verhalten ein.

Viele Wähler könnten etwa die gefährlichsten Gegner ihres favorisierten Kandidaten ganz nach hinten auf ihren Listen platzieren, unabhängig von ihren eigenen Einstellungen diesen Kandidaten gegenüber. Auf diese Weise kann es zu durchaus starken Verzerrungen des Wahlergebnisses kommen.

"Let's try voting for the greater of the two evils this time and see what happens."

Abbildung 60: «Lass uns bei dieser Wahl einmal für das größere Übel stimmen und sehen, was passiert.» Cartoon von Vahan Shirvanian.

Selbst Borda hatte diese Verzerrungen schon in seinen Schriften thematisiert und sogar explizit darauf hingewiesen, dass es ein Verfahren nur für ehrliche Wähler sei. Andere Wissenschaftler hatten weitere sensible Punkte ausgemacht. Auch der Marquis de Condorcet (1743–1794), dem wir schon an früherer Stelle begegnet sind, hatte sich eingehend mit der Borda-Methode beschäftigt und als Ergebnis dieser Beschäftigung sein eigenes Wahlsystem formuliert. Als Grundprinzip vertrat er eine Ansicht, die er so formulierte: «Es soll jeder Wähler seinen Willen vollständig ausdrücken, indem er jeweils zwei Kandidaten vergleicht, und aus dem Ergebnis der Mehrheitsentscheidungen für alle diese Vergleiche soll der allgemeine Wille abgeleitet werden.»[38]

Ein faires Wahlsystem sollte also nach Condorcet denjenigen Kandidaten K als Gesamtsieger herbeiführen, der jeden anderen Kandidaten in einem Stichkampf besiegt. Ein solcher Kandidat K wird als *Condorcet-Sieger* der Wahl bezeichnet. Das hört sich vernünftig an. Finden wir einen solchen, so sind wir aus dem Schneider. Und ganz fugenlos glücklich. Doch leider wird just an dieser Stelle ein Einwand fällig. Ein Problem besteht nämlich darin, wie wir bereits Gelegenheit hatten festzustellen, dass der Condorcet-Sieger nicht immer existiert. Doch wenn er existiert, dann sollte ein Wahlsystem ihn auch als Sieger ausweisen. Das ist eine naheliegende Fairness-Forderung an Wahlsysteme. Die Borda-Methode dagegen hat nicht diese wünschenswerte Eigenschaft. Das sieht man schon an einem einfachen Beispiel:

Borda-Zählung				
Präferenzen	Prozente	A	B	C
A > B > C	55	110	55	
B > C > A	45		90	45
Gesamt	**100**	**110**	**145**	**45**
Ergebnis	**B ist Gesamtsieger!**			

Tabelle 30: Der Borda-Sieger ist nicht immer der Condorcet-Sieger.

Der Sieger bei der Borda-Auszählung ist B. Der Condorcet-Gewinner ist aber A, denn er besiegt sowohl B als auch C mit 55:45 Prozentpunkten. Wenn C disqualifiziert würde oder sich aus der Wahlentscheidung zurückzöge, dann wäre plötzlich A der Borda-Gewinner mit 55:45 Punkten, was uns das Phänomen der Sensitivität von irrelevanten Alternativen abermals vor Augen führt, das wir schon im Vorspann ansprachen. A ist übrigens auch der Gewinner durch Mehrheitsentscheid, hier sogar ganz glatt und mit absoluter Mehrheit.

Das war unsere Querbeetpflügung des wahlmethodischen Theoriefeldes. Kurzum und jedenfalls: Ich hoffe, Sie sind nun gebührend desillusioniert im Hinblick auf die Vorurteilsfreiheit von Wahlentscheidungen. Es ist schon eine Crux mit ihnen. Die bisherige Diskussion zeigt, wie schwierig es ist, auf diesem Terrain endgültige Standpunkte einzunehmen. Wer Sieger einer Wahl wird, hängt bisweilen ganz entscheidend vom Abstimmungsverfahren ab. Der heute stark 70-jährige französische Mathematiker und Wahlforscher Michel Balinski hat ein Beispiel vom Allerfeinsten ausgeheckt, das dies eindrucksvoll unterstreicht und schlauerdings alles Bisherige nochmals überbietet. Mit ihm kommt ein wahlsystematisches Urerlebnis zustande. Es handelt sich um eine Wahlentscheidung zwischen fünf Kandidaten A, B, C, D, E.

Prozente	33	16	3	8	18	22
Reihenfolge der Präferenzen	A	B	C	C	D	E
	B	D	D	E	E	C
	C	C	B	B	C	B
	D	E	A	D	B	D
	E	A	E	A	A	A

Tabelle 31: Balinski-Beispiel einer Wahl zwischen fünf Kandidaten

Staunenden Auges möge man überprüfen: A gewinnt bei Mehrheitswahl mit einer relativen Mehrheit von 33 Prozent der Stimmen. B gewinnt eine Borda-Wahl mit 247 Punkten. C gewinnt alle Zweikämpfe und ist der Condorcet-Sieger. D ist der Hare-Sieger bei Rangfolgewahl. E gewinnt nach Mehrheitswahl mit zwei Wahlgängen. Ergo: Jeder ist ein Gewinner und kann sich freuen, allein das Wahlsystem macht's.

Es scheint nach unserer detaillierten Diskussion nicht möglich, die individuellen Präferenzlisten der einzelnen Wähler in widerspruchsfreier und allen wünschenwerten Anforderungen genügender Weise zu einer gemeinsamen Präferenzliste der gesamten Wählerschaft zu vereinigen. Bezeichnen wir eine solche gemeinsame Liste als Kollektiv-Rangliste. Als Ergebnis einer Wahl wird eine gerechte Kollektiv-Rangliste angestrebt. Wir haben aber eine betrübliche Mitteilung zu machen. Es gibt kein rundum zufriedenstellendes Wahlsystem zur Erzeugung einer

Kollektiv-Rangliste. Der Wirtschaftswissenschaftler Kenneth Arrow hat das in seiner Doktorarbeit, für die er 1972 mit dem Nobelpreis ausgezeichnet wurde, eindrucksvoll bewiesen. Im Kern sind Wahlverfahren mathematische Funktionen, die eine Menge von Einzelpräferenzen in eine Gruppenpräferenz überführen. Diese Arten von Funktionen umfassen nicht nur die verschiedenen Wahlsysteme der Politikwissenschaft, sondern auch wichtige Zuordnungstypen zum Beispiel in der Ökonomie.

Welche Anforderungen sollte man nach gesundem Menschenverstand an derartige Verfahren und eo ipso an die zugehörigen mathematischen Funktionen stellen? Die obige Formulierung «rundum zufriedenstellend» schließt dabei sicherlich die Gültigkeit von drei ganz banalen Anforderungen mit ein:

1. Wenn die Wähler ihre Ranglisten dahingehend ändern, dass eine Alternative A von keinem Wähler schlechter eingestuft wird als zuvor, dann darf A auch auf der Kollektiv-Rangliste nicht zurückfallen (Monotonie-Prinzip).
2. Wenn alle Wähler eine Alternative einer anderen vorziehen, dann muss das auch für die Kollektiv-Rangliste gelten (Einstimmigkeits-Prinzip).
3. Die Kollektiv-Rangliste hängt bezüglich zweier beliebiger Möglichkeiten A und B nur davon ab, wie die einzelnen Wähler A und B reihen, nicht jedoch davon, wie A und B relativ zu anderen Möglichkeiten C, D, ... bewertet werden (Prinzip der Unabhängigkeit von irrelevanten Möglichkeiten).

Wanted! Ein Wahlsystem. Empfehlenswerte Wahlsysteme, so sollte man meinen, zeichnen sich durch ihre Eignung zu der Aufgabe aus, diesen drei Anforderungen gleichzeitig gerecht zu werden. Kenneth Arrow hat sich mit der Frage befasst, ob es ein Wahlsystem für die Erstellung einer Kollektiv-Rangliste mit diesen drei Eigenschaften gibt. Ergebnis: Es gibt leider keines! Jedenfalls kein akzeptables. Er konnte mathematisch beweisen, dass die allein existierende Lösung darin besteht, dass die Präferenzliste eines Wählers stets zur Kollektiv-Rangliste erklärt wird. Anders ausgedrückt, … dass es einen Bestimmer gibt. Überpointiert drückt Michel Balinski das so aus: «Die einzige zulässige Lösung eines scheinbar harmlosen Problems der Demokratie ist höchst undemokratisch: die Diktatur eines Einzelnen.» Es gibt unter Wahlsystemen keine stimmungsaufhellenden Erzeugnisse. Kein Happy End.

Das ist das Arrow-Paradoxon, seit einem Halbjahrhundert das Parade-Paradigma der Wahlsystemforschung. Das früher von uns behandelte Condorcet-Paradoxon ist ein Spezialfall des Arrow-Paradoxons für die Mehrheitswahl.

Das sind demoralisierende Nachrichten. Dennoch müssen in einer Demokratie so fair wie möglich Zigtausende von Ämtern durch Wahl besetzt werden. Einige Autoren haben als Reaktion auf die auch als Arrow'sches Unmöglichkeitstheorem bekannt gewordene Aussage die Ansicht vertreten, es fehle nicht viel, dass man sagen dürfe: Demokratie ist unmöglich. Vielleicht ist es vorsichtiger zu formulieren, dass Demokratie ein paradoxes, wenn auch alternativloses Unterfangen ist.

Damit Sie nicht denken, unsere ganze bisherige Argumentation sei rein akademisch und die angesprochenen Schwierigkeiten würden in der praktischen Politik kaum auftreten, wollen wir als Nächstes das Wahlsystem zum Deutschen Bundestag ansprechen. Auch das bei der deutschen Bundestagswahl im Jahr 2005 eingesetzte Wahlsystem ist nicht konsistent und weist ebenfalls die Möglichkeit von kontraintuitiven Paradoxa auf.

Bei der Bundestagswahl hat bekanntlich jeder Wähler zwei Stimmen. Die Erststimme ist für einen der Kandidaten im Wahlkreis (es gibt 299 davon); der Kandidat mit den meisten Stimmen in einem Wahlkreis zieht in den Bundestag ein. Er hat ein Direktmandat. Die Zweitstimme wird für eine Partei und deren Landesliste abgegeben. Hierbei werden die Sitze gemäß dem *Quotenverfahren mit Restausgleich nach größtem Bruchteil* an die Parteien verteilt. Es wird als Hare-Niemeyer-Verfahren bezeichnet.[39] Dabei ist die Vorgehensweise wie folgt: Die Stimmen einer jeden Partei werden durch die Gesamtstimmenzahl aller Parteien (welche die Fünf-Prozent-Hürde überschritten haben) ohne ungültige Stimmen und ohne Enthaltungen geteilt und mit der Gesamtzahl der zu vergebenden Sitze multipliziert. Dieser Wert ist die *Quote* der jeweiligen Partei. Einer Partei stünden dann, nur um eine Zahl zu nennen, theoretisch genau 358,47 Sitze zu. Wegen des Nachkommaanteils ist das natürlich nicht praktikabel. Man muss für die Quoten ganzzahlige Annäherungen finden, die möglichst gerecht und in der Summe gleich der zu vergebenden Sitzzahl sind. Der auf die nächste ganze Zahl – hier 358 – abgerundete Teil der Quote wird als Sitzzahl der Partei sofort zugeteilt. Das wird für alle Parteien durchgeführt. Die wenigen dann noch verbleibenden Sitze im Parlament werden nach der Reihenfolge der größten Nachkommaanteile der Quoten (für die Partei mit obiger Quote 358,47 ist es 0,47) den Parteien der Reihe nach zugeteilt. Mit anderen Worten: Die Partei mit dem größten Nachkommaanteil der Quote erhält den ersten Sitz, die Partei mit dem zweithöchsten Nachkommaanteil den zweiten Sitz usw., bis alle restlichen Sitze vergeben sind.

Das idealtypische Ziel bei der Sitzzuteilung im Verhältniswahlrecht besteht darin, einer jeden Partei so viele Sitze im Parlament zuzuweisen, dass der Anteil der Stimmen dieser Partei an der Gesamtzahl der Stimmen dem Anteil der dieser Partei zugeteilten Sitze entspricht. Dieses Hare-Niemeyer-Verfahren wird einerseits auf die Gesamtzahl der im Bundesgebiet für die Partei abgegebenen Stimmen angewandt, um die Anzahl der Mandate zu ermitteln, die einer jeden Partei im Bundestag zusteht, sowie andererseits auch bei der Ermittlung der Anzahl der Mandate, die auf die einzelnen Landeslisten der Parteien entfallen.

Ein zusätzlicher Aspekt sind die sogenannten Überhangmandate. Überhangmandate entstehen, wenn für eine Partei so wenig Zweitstimmen abgegeben worden sind, dass ihr nach elementarem Dreisatz und Hare-Niemeyer-Verfahren weniger Mandate zustehen, als sie aufgrund der Erststimmen an Direktmandaten erhalten hat. Diese Überhangmandate verbleiben bei der Partei und werden nicht ausgeglichen.

Wir zeigen eine hypothetische Beispielrechnung, die diesen Fall verdeutlicht. Angenommen, eine Partei P erhält 10 Millionen Stimmen, und zwar in Bundesland A insgesamt 4,56 Millionen und in Bundesland B die restlichen 5,44 Millionen Stimmen. Eine andere Partei Q erhalte ebenfalls 10 Millionen Stimmen und alle übrigen Stimmen entfallen auf eine dritte Partei Z. Wenn es insgesamt 59,8 Millionen gültige Stimmen gab, so entspricht bei 598 Sitzen im Parlament (wie z. B. dem Deutschen Bundestag) ein Sitz genau 100 000 Stimmen. Den Parteien P und Q stehen somit nach Dreisatz exakt 100 Sitze zu. Wie verteilen sich diese 100 Sitze auf die beiden Bundesländer A und B?

	Zweit-stimmen in Millionen	Quote	Sitze (abge-rundete Quote)	Weitere Sitze (nach Hare-Niemeyer)	Sitze gesamt
Land A	4,56	45,6	45	1	46
Land B	5,44	54,4	54	0	54
Gesamt	10	100	99	1	100

Tabelle 32: Stimmen, Quoten und Sitze für Partei P

Hätte nun die Partei P in Land A 46 Direktmandate gewonnen und 48 in Land B, ergäben sich folgende Mandatszahlen.

	Landesliste	Direkt-mandate	Sitze gesamt
Land A	46	46	46
Land B	54	48	54
Gesamt	100	94	100

Tabelle 33: Mandate der Partei P

Für die übrigen 6 Sitze in Bundesland B wird auf Kandidaten der Landesliste zurückgegriffen.

Hätte andererseits die Partei P aufgrund der Erststimmen in 57 Wahlkreisen von Land B Direktmandate gewonnen, so würden diese 3 zusätzlichen Mandate als Überhangmandate bei der Partei verbleiben ohne Kompensation für andere Parteien.

Plus wird Minus. Das ist alles intuitiv und leicht verständlich. Nun wird es kontraintuitiv und nicht mehr ganz so leicht verdaulich. Kaum zu glauben, aber dennoch wahr ist nämlich, dass es dieses Wahlsystem einer Partei durchaus ermöglicht, mit weniger Zweitstimmen mehr Bundestagsmandate einzuheimsen. Auch der umgekehrte Fall kann eintreten: Eine Partei mit einer größeren Anzahl von Zweitstimmen kann, bleibt alles andere gleich – insbesondere auch die Stimmenzahl für die anderen Parteien –, weniger Mandate beziehen, ganz so, als ob sie weniger Stimmen erhalten hätte. Dieses Zuteilungskuriosum bedeutet im Endeffekt, dass zusätzliche Stimmen für eine Partei dieser Partei selbst Sitzverluste bescheren können und deshalb schaden. Wohlgemerkt, dies ist selbst dann möglich, wenn sich die Stimmenzahlen aller anderer Parteien nicht ändern. Dieser Effekt heißt *negatives Stimmgewicht*[40] oder auch *inverser Erfolgswert*. Er widerspricht dem demokratischen Grundprinzip, dass jede Stimme gleich viel zählen sollte, sowie auch der eigentlich als selbstverständlich zu erachtenden Forderung, dass sich eine abgegebene Stimme nicht in dem Sinne gegen den Wählerwillen auswirken darf, dass sie der von ihm gewählten Partei einen Nachteil bringt.

Das genannte Phänomen ist nur eines von einigen Wählerzuwachsparadoxa, die die gebräuchlichen Wahlsysteme zu bieten haben.

Um die Möglichkeit von negativem Stimmgewicht beim Hare-Niemeyer-Verfahren exemplarisch zu machen, knüpfen wir an die frühere Rechnung an. Was wäre passiert, wenn die Partei P in Bundesland A hypothetisch 30 000 Zweitstimmen weniger erhalten hätte? Nun, sie bekäme für ihre dann 9,97 Millionen statt 10,00 Millionen Zweitstimmen nach wie vor 100 Sitze zugeteilt (99 aufgrund der abgerundeten Quote und ein weiterer nach Hare-Niemeyer für den Rest 0,75), selbst wenn die Partei Q nach wie vor 10 Millionen Stimmen verbuchen könnte. Nehmen wir weiter an, Partei P hätte in Land A nur noch 4,53 Millionen, aber in Land B nach wie vor 5,44 Millionen Zweitstimmen erzielt.

	Zweit-stimmen in Millionen	Quote	Sitze (abge-rundete Quote)	Weitere Sitze (nach Hare-Niemeyer)	Sitze gesamt
Land A	4,53	45,32	45	0	45
Land B	5,44	54,43	54	1	55
Gesamt	9,97	99,75	99	1	100

Tabelle 34: Stimmen, Quoten und Sitze für Partei P bei geringerer Stimmenzahl

In Land A stünden der Partei nach den Zweitstimmen nunmehr nur 45 Sitze zu, in Land B aber 55 Sitze, also ein Sitz mehr. Dieser zusätzliche Sitz im Parlament wird mit dem nächst nachrückenden Kandidaten von der Landesliste von Land B besetzt. In Land A ist ein Überhangmandat entstanden, denn die 46 Kandidaten, die ein Direktmandat erworben haben, sind unabhängig von der Zweitstimme.

	Landesliste	Direktmandate	Sitze gesamt
Land A	45	46	46
Land B	55	48	55
Gesamt	100	94	101

Tabelle 35: Mandate der Partei P bei geringerer Stimmenzahl

Damit würde die Partei P im Saldo, obwohl sie 30 000 Zweitstimmen weniger einheimsen konnte, dennoch statt 100 nun 101 Mandate erhalten. Mehr Mandate für weniger Stimmen sind das: Ein Webfehler im Wahlsystem.

Der beschriebene Effekt hatte schon handfeste praktische Auswirkungen in der realen Politik. Bei der Bundestagswahl 2005 erzeugte ein Zufall ein Paradebeispiel: Als während des Wahlkampfes die NPD-Kandidatin im Wahlkreis 160 in Dresden verstarb, fand in diesem Wahlkreis die Bundestagswahl erst am 2. Oktober und nicht wie in allen übrigen Wahlkreisen bereits am 18. September statt. Als dann die Ergebnisse vom 18. September vorlagen, konnte man mit diesen Zahlen leicht ein wenig

Mandatsarithmetik für die noch ausstehende Wahl im Wahlkreis 160 betreiben. Bei der vorhergehenden Bundestagswahl 2002 hatte die CDU dort genau 49 638 Zweitstimmen bekommen. Doch würde sie am 2. Oktober 2005 bei der Nachwahl 41 227 Stimmen oder mehr erhalten, dann käme der von uns zuvor untersuchte Effekt ins Spiel. Aus einem Überhangmandat würde ein normal erzieltes Mandat. Auch die Auswirkungen davon ließen sich genau bestimmen: Für den CDU-Politiker mit dem klangvollen Namen Cajus Julius Caesar auf dem Listenplatz Nr. 34 der nordrhein-westfälischen CDU ginge dann der Sitz im Bundestag verloren. Also ganz einfach: Erreicht die CDU im Wahlkreis 160 mindestens 41 227 Stimmen bei der Nachwahl, so erhält sie weniger Mandate als bei höchstens 41 226 Stimmen. Und das wäre durchaus nicht unbrisant gewesen, denn nach den Ergebnissen aller übrigen Wahlkreise lag die CDU/CSU bei 225 Sitzen und die SPD bei 222 Sitzen. Bei 41 227 oder mehr Zweitstimmen für die CDU im Wahlkreis 160 bestünde die knappe CDU/CSU-Mehrheit im Bundestag nur noch aus 224 gegen 223 Sitzen.

So fanden sich im Dresdner Wahlkampf für die Nachwahl die Akteure der Parteien in einer abwegigen Situation. Die CDU rief ihre Wähler dazu auf, mit der Zweitstimme nicht CDU zu wählen, während die SPD versuchte, ihre Anhänger dazu zu bewegen, ihre Zweitstimme gerade für die CDU abzugeben. Verkehrte Welt! Politik im Umkehrspiegel! Das darf nicht sein.

Am Ende erhielt die CDU 38 208 Zweitstimmen, ein Minus von 6,1 % gegenüber der Bundestagswahl von 2002. Die FDP profitierte heftig und gewann 9,6 % hinzu. Es lässt sich vermuten, dass aus den angesprochenen Gründen eine große Zahl von CDU-Anhängern der FDP ihre Zweitstimme gegeben haben.

Nur noch so viel: Mit den Erststimmen in diesem Wahlkreis gewann übrigens Andreas Lämmel ein weiteres Direktmandat für die CDU. So entstand das amtliche Endergebnis: CDU/CSU 226 Sitze, SPD 222 Sitze. Doch 3019 Zweitstimmen mehr für die CDU hätten die Partei einen Sitz gekostet. So pathologisch können Wahlsysteme sein.

Anhang

Anmerkungen

1 Das ist die bedeutendste deutsche Normungsorganisation.

2 Daten aus Kohn (2005).

3 Die Daten werden unter anderem in Agresti (2003) ausgewertet.

4 Motiviert durch Kühnle (2009).

5 Es ist keine unwichtige Entscheidung, in welchem Genre man seine Gedanken ausdrückt: Limerick, Aphorismus, Drehbuch, Enzyklika, Roman, Theorem. Oder einfach nur ein Satz wie oben. Das schien mir angemessen. Lichtenberg und Woody Allen hätten sich wohl nicht gescheut, einen solchen Satz zu Papier zu bringen.

6 Im Nichtbeibringlichkeitsfall, wie es bei den Beamten heißt, und ich bin auch einer.

7 Manchmal ist der intuitive Unterschied zwischen fehlerhaft und fehlerfrei nicht so groß wie der Unterschied zwischen Nord und West. Eher verhält er sich dann so wie der zwischen Nordwest und Nordnordwest. Überhaupt finden die heftigsten Auseinandersetzungen über ein Thema nicht statt zwischen den Haupthimmelsrichtungen der Meinungsvielfalt, sondern zwischen den Verfeinerungen zweiten und dritten Grades.

8 Ist dies vom Genre her noch als Bonmot zu bezeichnen oder ist es gar schon ein Leselibretto?

9 Ich schreibe, du liest. Und da ich deine Aufmerksamkeit habe, versuche ich gerade genauso schnell zu schreiben, wie du liest. Und genauso schnell zu denken, wie ich schreibe. Das reißt alle Raum- und Zeit- und Denkbarrieren zwischen Autor und Leser ein. Doch wahrlich, ich sage dir mal fernschriftlich: Gern wäre ich an deiner statt jetzt der Lesende, um solch frei flottierend zirkulierendem Denken beiwohnen zu können.

10 Er lebte von 1702 bis 1761 und war presbyterianischer Geistlicher. Sein Hauptwerk, dem er seine heutige Bekanntheit größtenteils verdankt, wurde 1763 postum veröffentlicht und enthält einen Spezialfall des heute nach ihm benannten Theorems.

11 Nach der Harvard-Studie von Casscells, Schoenberger & Grayboys (1978).

12 Condorcet lebte von 1743 bis 1794. Als französischer Philosoph, Mathematiker und Politiker der Aufklärung war er ein solides Ein-Mann-Konsortium der frühen Wahlsystemforschung.

13 Zitate auf dieser und der nächsten Seite nach v. Randow (2006).

14 Man sieht, Mathematiker sind keine weltfremden Typen. Sie leben in derselben Welt wie Ihr, auch wenn sie bisweilen andere Schlüsse aus ihr ziehen. Bisweilen andere, doch nicht immer bessere. Die Mehrzahl der hier reagierenden Mathematiker jedenfalls tat dies nicht.

15 Denn mathematisches Wissen ist für die Ewigkeit. Das, was man mathematisch einmal richtig gemacht und gedacht hat, bedarf keiner Nachbesserung. Mathematik hat es nicht mit dem Grellen, Schnellen und Sensationellen, ist aber ohne Verfallsdatum.

16 Unter Verwendung von Informationen aus Bartz (2010).

17 Unter Verwendung von Informationen aus Minor (2003).

18 Unter Verwendung von Informationen aus Philips & Feldman (2004).

19 Zitiert nach Krämer (1996).

20 Philosophischer Versuch über Wahrscheinlichkeiten. Übersetzt von F. W. Tönnis, Heidelberg 1819.

21 Nach einem Diagramm in Krämer (1996).

22 Piquero & Pogarsky (2003).

23 Siehe Gilovich, Vallone & Tversky (1985).

24 Swoboda (1974).

25 Nach Josef Haas: «Manipulation – bewusst oder unbewusst».

26 Siehe Good (1995).

27 Für Fachleute sei noch hinzugefügt, dass diese Berechnung von P_a auf der Annahme basiert, dass alle voneinander verschiedenen Blätter mit mindestens einem Ass dieselbe Wahrscheinlichkeit haben. Genau genommen ist das eine Subtilität, die genau bedacht werden muss. Aber insgesamt ist das ein Plausibilitätsargument, das die richtige Wahrscheinlichkeit liefert. Es ist ein Beweis mit Wenn und Aber. Entsprechendes gilt für die Berechnung von P_b.

28 Ein schwarz-humoriger Witz für Witz-Novizen und Fortgeschrittene, nach Cathcart & Klein (2010).

29 Beispiel nach Pfanzagl (1966), zitiert nach Stahel (2002).

30 Quinn, Shin, Maguire & Stone (1999).

31 Zadnik, Jones, Irvin, Kleinstein, Manny, Shin & Mutti (2000).

32 Süddeutsche Zeitung vom 10. 3. 2003: *Nachtlicht verursacht keine Kurzsichtigkeit.*

33 Daten nach Matthews (2001) und zusätzliche Informationen, eingefangen aus den unendlichen Weiten und Breiten des Internets.

34 Sies (1988) hat Daten für die Bundesrepublik über das Zeitintervall von 1965–1980 gesammelt.

35 Dieses Kapitel verdankt einem Anlass sich: Gewidmet A. R. an ihrem $(40)_{11}$-ten Geburtstag.

36 Verwendung eines Beispiels und weiterer Informationen aus Pivato (2008).

37 *Methoden, die ein bisschen zu sehr Borda heißen.* Diese Methoden sind zwar nach dem französischen Mathematiker, Physiker und Seefahrer Jean-Charles Chevalier de Borda (1733–1799) benannt, doch wurden sie bereits vom deutschen Philosophen, Theologen und Mathematiker

Nicolaus Cusanus (1401–1464) in seinem 1433 veröffentlichten Werk *De concordantia catholica* erwähnt. Borda aber hat die Methode immerhin genau untersucht.

38 Zitiert nach Balinski (2002).

39 Das Verfahren kam seit der Wahl im Jahr 1987 bis zur Wahl 2005 als Sitzzuteilungsverfahren zum Einsatz. Bei der Bundestagswahl 2009 wurde das sogenannte Sainte-Laguë/Schepers-Verfahren verwendet. Bei der Sitzzuteilung für die Wahl der Landtage in Bayern, Berlin, Brandenburg, Hessen, Mecklenburg-Vorpommern, Sachsen-Anhalt und Thüringen wird derzeit (Stand: Mai 2011) immer noch auf das Hare-Niemeyer-Verfahren zurückgegriffen.

40 Die Möglichkeit dieses Phänomens hat das Bundesverfassungsgericht in seinem Urteil vom 3. Juli 2008 für verfassungswidrig erklärt und gleichzeitig dem Gesetzgeber aufgetragen, bis zum 30. Juni 2011 eine Neuregelung ohne diesen Effekt im Wahlrecht zu verankern.

Verwendete und weiterführende Literatur

Agresti, A. (2003): Categorical Data Analysis. Wiley, Hoboken, New Jersey.

Altmann, S., Falk, A. & Marklein, F. (2009): Eingeschränkt rationales Verhalten: Evidenz und wirtschaftspolitische Implikationen. IZA Standpunkte Nr. 12.

Balinski, M. (2002): Wer wird Präsident? Spektrum der Wissenschaft, Heft September, 74–79.

Bartz, S. (2010):Denkfallen vermeiden – Am Beispiel des Umtauschproblems. Stochastik in der Schule, 30, 25–29.

Brand, G. (2011): Aphorismen. http://www.angelfire.com/art/gregorbrand/Reflexionen.html

Cantow, M., Fehndrich, M., Wilke, M., Zicht, W. (2011): Wahlen, Wahlrecht und Wahlsysteme. http://www.wahlrecht.de/

Casscells, W., Schoenberger, A. & Grayboys, T. (1978): Interpretation by physicians of clinical laboratory results. New England Journal of Medicine, 299, 999–1001.

Cathcart, Th. & Klein, D. (2010): Platon und Schnabeltier gehen in eine Bar. Philosophie verstehen durch Witze. Goldmann, München.

Chater, N. & Oaksford, M. (1999): The probability heuristics model of syllogistic reasoning. Cognitive Psychology, 38, 191–258.

Dubben, H.-H. & Beck-Bornholdt, H.-P. (2005): Mit an Wahrscheinlichkeit grenzender Sicherheit. Logisches Denken und Zufall. Rowohlt, Reinbek.

Gauß, C. F. (1809): Theoria motus corporum coelestium in sectionibus conicis solem ambientium. Perthes und Besser, Hamburg.

Gigerenzer, G. (2002): Das Einmaleins der Skepsis: Über den richtigen Umgang mit Zahlen und Risiken. Berlin Verlag, Berlin.

Gigerenzer, G. (2007): Bauchentscheidungen. Die Intelligenz des Unbewussten und die Macht der Intuition. Bertelsmann, München.

Gilden, D. L. & Wilson, S. G. (1995): Streaks in skilled performance. Psychonomic Bulletin & Review, 2, 260–265.

Gilovich, Th., Vallone, R. & Tversky, A. (1985): The hot hand in basketball: on the misperception of random sequences. Cognitive Psychology, 17, 295–314.

Good, I. J. (1995): When batterer becomes murderer. Nature, 375, 541.

Graumann, C. F. (Hrsg.) (1965): Denken. Kiepenheuer und Witsch, Köln.

Guggenheimer, B. (1997): Das digitale Nirwana. Rotbuch Verlag, Hamburg.

Haas, J. (2011): Manipulation – bewusst oder unbewusst. http://www.uni-graz.at/sor/Downloads/WS2009_10/StatMethoden/Stat_Haas_2.pdf

Hoffrage, U., Kurzenhäuser, S. & Gigerenzer, G. (2001). Positive Mammographie = Brustkrebs? Schweizer Zeitschrift für Managed Care and Care Management, 3, 22–25.

Hook, E. B.,Cross, P. K. & Schreinemachers, D. M. (1983): Chromosomal abnormality rates at amniocentesis and in live-born infants. Journal of the American Medical Association, 249, 2034–2038.

Hudec, M. & Neumann, Chr. (1998): Regression – eine anwendungsorientierte Einführung. Manuskript, Institut für Statistik, TU Wien.

Jegadeesh, N. & Titman, S. (2001): Profitability of momentum strategies: An evaluation of alternative explanations. Journal of Finance, 56, 699–720.

Johnson-Laird, P. N., Byrne, R. M.J. & Schaeken, W. (1992): Propositional reasoning by model. Psychological Review, 99, 418–439.

Kelly, D. (1998): The Art of Reasoning. 3. Auflage. Norton & Co., New York.

Knauff, M. (2005): Deduktion, logisches Denken. Beitrag für den Band C/II/8 der Enzyklopädie der Psychologie «Denken und Problemlösen».

Kohn, W. (2005): Statistik. Datenanalysis und Wahrscheinlichkeitsrechnung. Springer, Heidelberg, Berlin.

Krämer, W. (1996): Denkste! Trugschlüsse aus der Welt des Zufalls und der Zahlen. 2. Auflage. Campus-Verlag, Frankfurt a. M.

Krämer, W. & Gigerenzer, G. (2005): How to confuse with statistics or: The use and misuse of conditional probabilities. Statistical Science, 20, 223–230.

Kühnle, U. (2009): Von Zahlen geblendet. Der Freitag – Wissen. 15. 10. 2009.

Laplace, P. S. (1819): Essai philosophique sur les probabilités. Philosophischer Versuch über Wahrscheinlichkeiten. Übersetzt von F. W. Tönnis. K. Groos, Heidelberg.

Lehn, J., Müller-Gronbach, Th. & Rettig, S. (2000): Einführung in die deskriptive Statistik. Teubner, Leipzig.

Matthews, R. (2001): Der Storch bringt die Babys zur Welt (p = 0,008). Stochastik in der Schule, 21, 21–23.

Minor, D. (2003): Parrondo's Paradox – Hope for Loosers! The College Mathematics Journal, 34, 15–20.

Mosteller, F. (1980): Classroom and platform performance. The American Statistician, 34, 11–17.

Pfanzagl, J. (1966): Allgemeine Methodenlehre der Statistik, Bd. 1 & 2. de Gruyter, Berlin.

Philips, T. & Feldman, A. (2004): Parrondo's paradox is not paradoxical. Social Sciences Research Network. http://ssrn.com/abstract=581521.

Pivato, M. (2008): The Mathematics of Voting. http://xaravve.trentu.ca/voting.pdf

Pogarsky, G. & Piquero, A. R. (2003): Can punishment encourage offending? Investigating the resetting effect. Journal of Research in Crime and Delinquency, 40, 92–117.

Pöppe, Chr. (1992): Paradoxes Verhalten physikalischer und ökonomischer Systeme. Spektrum der Wissenschaft, Heft November, 23–26.

Polya, G. (1966): Vom Lösen mathematischer Aufgaben, Bd. 1. Birkhäuser, Basel.

Quinn, G. E., Shin, C. H., Maguire, M. G. & Stone, R. A. (1999): Myopia and ambient lighting at night. Nature, 399, 113–114.

Randow, G. v. (2006): Denken in Wahrscheinlichkeiten. Rowohlt, Reinbek.

Rips, L. J. & Marcus, S. L. (1977): Suppositions and the analysis of conditional sentences. In M. A. Just & P. A. Carpenter (Hrsg.), Cognitive processes in comprehension. Erlbaum, Hillsdale.

Schrage, G. (1984): Stochastische Trugschlüsse. Mathematica Didactica, 7, 3–19.

Sies, H. (1988): A new parameter for sex education. Nature, 332, 495.

Stahel, W. (2002): Statistische Datenanalyse: Eine Einführung für Naturwissenschaftler. 4. Auflage. Vieweg, Braunschweig.

Swoboda, H. (1974): Knaurs Buch der modernen Statistik. Droemer Knaur, München/Zürich.

Wagenaar, W. A. & Keren, G. B. (1988): Chance and luck are not the same. Journal of Behavioral Decision Making, 1, 65–75.

Wason, P. C. & Brooks, P. G. (1979): THOG: The anatomy of a problem. Psychological Research, 41, 79–90.

Wikipedia. http://www.wikipedia.org/

Wirth, N. (1983): Algorithmen und Datenstrukturen. Teubner, Stuttgart, 198.

Zadnik. K., Jones, L. A., Irvin, B. C., Kleinstein, R. N., Manny, E. R., Shin, J. A. & Mutti, D. O. (2000): Vision: Myopia and ambient night-time lighting. Nature, 404, 143–144.

Bildnachweis

Ivo Kljuce: Abb. 61; Christiane Lokar: Abb. 28; www.CartoonStock. com: Abb. 1–5, 8, 10, 11, 15, 16, 19, 27, 29, 34, 35, 41, 45, 46, 56, 59, 60; Tom Thaves: Abb. 47

Leider war es uns nicht in allen Fällen möglich, den Rechteinhaber zu ermitteln. Der Verlag ist selbstverständlich bereit, berechtigte Ansprüche abzugelten.

Dank

Dieses Buch verdankt einigen Menschen vieles und anderen Menschen manches.

Ina Rosenberg und Philip Schnizler haben Teile früher Versionen des Manuskripts in Latex geschrieben.

Vlad Sasu danke ich für die Qualität der erzeugten Abbildungen, Grafiken und Tabellen und für die Freude, die mir die gemeinsame Arbeit daran gemacht hat.

Herrn Dr. Stefan Bollmann danke ich für die nun schon gewohntermaßen exzellente Lektorierung und dem Verlag C. H. Beck insgesamt für die produktive und stets erfreuliche Zusammenarbeit.

Mein größter Dank gilt wie immer Andrea Römmele, Hanna Hesse, Lennard Hesse für alles Mögliche und einiges Unmögliche.

Der Autor

Abbildung 61: Der Mathe-Mann aus Mannheim

Prof. Dr. Christian Hesse lebt seit 1960, promovierte 1987 an der Harvard-Universität (USA) und lehrte von 1987 bis 1991 als Assistenzprofessor an der Universität von Kalifornien in Berkeley. 1991 berief der damalige Ministerpräsident Erwin Teufel den damals 30-Jährigen als jüngsten Professor der Bundesrepublik auf eine Professur für Mathematik an die Universität Stuttgart. Zwischenzeitlich war Hesse Gastwissenschaftler unter anderem an der Australian National University (Canberra), der Queens University (Kingston, Kanada), der University of the Philippines (Manila), der Universidad de Concepción (Chile), der Xinghua-Universität (Peking) und der George Washington University (Washington, USA). Seine berufliche Vortrags- und Reisetätigkeit erstreckt sich über viele Teile der Welt, von St. Petersburg über die Yucatan-Halbinsel bis zur Osterinsel, von Tahiti über Dublin bis Kapstadt.

Hesses Forschungsschwerpunkte liegen im Bereich der Stochastik, und er ist der Autor des Lehrbuches *Wahrscheinlichkeitstheorie*. Seine freizeitlichen Lieblingsbeschäftigungen sind Lesen, Schreiben, Schlafen und Schach. 2006 hat er darüber den Essayband *Expeditionen in die Schachwelt* veröffentlicht, vom *Wiener Standard* als «eines der geistreichsten und lesenswertesten Bücher, das je über das Schachspiel verfasst wurde», gerühmt. Er wurde zusammen mit den Klitschko-Brüdern, mit Fußballtrainer Felix Magath, dem Filmproduzenten Artur Brauner, der Schauspielerin und Sängerin Vaile sowie dem Ex-Weltmeister Anatoli Karpov zum internationalen Botschafter der Schacholympiade 2008 ernannt. Er ist verheiratet und hat eine 10-jährige Tochter und einen 6-jährigen Sohn. Mit seiner Familie lebt er in Mannheim.

Christian Hesse ist immer noch Brillen- aber nicht mehr Seitenscheitel-Träger, bekennender Billig-Bier-Trinker und war nie Mitglied von irgendeiner Boy Group. Sein Lieblingsmaler ist der Herbst und ihm gefällt Voltaires Antwort, nachdem sich einmal jemand bei dem französischen Autor beklagte: «Das Leben ist hart.» – «Verglichen womit?»

Personen- und Sachregister